FLORE
DE BORDEAUX ET DU SUD-OUEST

ANALYSE ET DESCRIPTION SOMMAIRE

DES PLANTES SAUVAGES

OU GÉNÉRALEMENT CULTIVÉES DANS LES PARTIES NON MONTAGNEUSES

DES BASSINS

DE LA GARONNE, DE LA CHARENTE ET DE L'ADOUR

comprenant :

Les départements de la *Gironde*, de la *Charente-Inférieure*,
de la *Vendée*, des *Deux-Sèvres*,
de la *Vienne*, de la *Haute-Vienne*, de la *Charente*, de la *Dordogne*,
du *Lot*, de *Tarn-et-Garonne*, de *Lot-et-Garonne*, du *Gers* et des *Landes*;
et en grande partie, ceux de la *Corrèze*,
de l'*Aveyron*, du *Tarn*, de la *Haute-Garonne*, de l'*Ariège*,
des *Hautes-Pyrénées* et des *Basses-Pyrénées*,

A L'USAGE

DES ÉTUDIANTS, DES INSTITUTEURS ET DES ÉLÈVES DES ÉCOLES

PAR LE Dr J.-A. GUILLAUD

Professeur de Botanique et d'Histoire naturelle médicale à la Faculté de Médecine
et de Pharmacie de Bordeaux

PREMIER VOLUME
PHANÉROGAMES

BORDEAUX
FERET ET FILS
Libraires
15, Cours de l'Intendance, 15.

PARIS
G. MASSON
Libraire-Éditeur
120, Boulevard Saint-Germain, 120.

1883

VOLONTARIAT D'UN AN

AGRICULTURE

CLICHY. — IMPRIMERIE PAUL DUPONT, RUE DU BAC-D'ASNIÈRES, 12.

VOLONTARIAT D'UN AN

AGRICULTURE

PAR

A. BOURGUIGNON

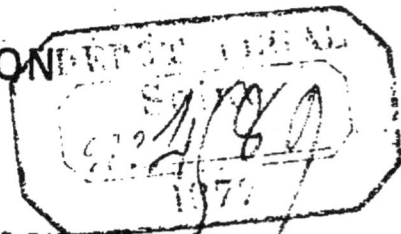

AVEC DE NOMBREUSES FIGURES INTERCALÉES DANS LE TEXTE

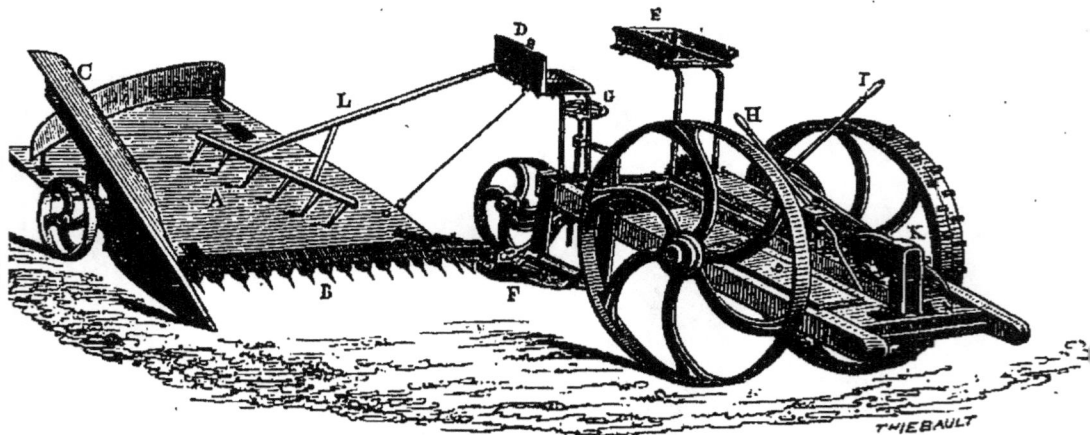

PARIS

GARNIER FRÈRES, LIBRAIRES-ÉDITEURS

6, RUE DES SAINTS-PÈRES

1877

PRÉFACE.

Nous n'avons pas eu l'intention, en rédigeant cet ouvrage, de publier un traité méthodique et complet d'agriculture, mais seulement d'offrir aux aspirants au volontariat d'un an un résumé, court et concis, des connaissances exigées par le programme du ministère de la guerre.

Ce programme est ainsi conçu :

Natures diverses des terrains au point de vue de la culture. — Engrais et amendements. — Climats, saisons, leurs rapports avec la culture. — Moyen d'utiliser les eaux et de s'en préserver. — *Instruments et machines agricoles. — Méthodes et procédés de culture. — Conservation des récoltes. — Bestiaux et animaux domestiques. — Comptabilité agricole. — Débouchés des principaux produits agricoles de la région.*

Tout en nous renfermant évidemment dans les limites officielles, nous croyons avoir donné des développements suffisants sur les points essentiels.

AGRICULTURE.

CHAPITRE Ier.

NATURES DIVERSES DES TERRAINS AU POINT DE VUE DE LA CULTURE.

SOMMAIRE. — I. *Substances qui constituent les sols arables.* — Ce qu'on appelle terre végétale, terre arable, sol arable. — Ce qu'on appelle sous-sol. — Substances minérales qui se rencontrent dans presque tous les sols arables : argile, silice, carbonate de chaux. — Substances organiques : humus végétal et humus animal. — II. *Classification des sols arables.* — Quatre classes de sols arables : sols argileux, sols siliceux ou sableux, sols calcaires, sols humifères.—Propriétés des sols argileux.—Variétés des sols argileux : sols argileux proprement dits, sols argilo-ferrugineux, sols argilo-calcaires, sols argilo-sableux (terres fortes et terres franches).—Propriétés des sols siliceux ou sableux.— Variétés des sols siliceux : sols de sable pur, sols sablo-argileux, sols sablo-argilo-calcaires, sols sablo-calcaires, sols quartzeux, caillouteux, graveleux et granitiques, sols volcaniques, sols sablo-argilo-ferrugineux, sols sablo-humifères. — Propriétés des sols calcaires. — Variétés des sols calcaires : sables calcaires, sols crayeux, sols tufeux, marnes calcaires, calcaires magnésiens. — Propriétés des sols humifères. — Variétés des sols humifères : terres de bruyère, terrains tourbeux, terrains marécageux. — Tableau de la classification des sols arables, d'après MM. Girardin et Dubreuil. — Classification de M. Moll.—Classification de M. le comte de Gasparin. — Observations sur ces classifications. — Substances diverses qui peuvent se rencontrer dans les sols arables.

I. — Substances qui constituent les sols arables.

CE QU'ON APPELLE SOL ARABLE. — On appelle *terre végétale, terre arable, sol arable,* la couche superficielle qui est propre à la culture des plantes. L'épaisseur de cette couche superficielle est très-variable. Dans certains terrains, elle n'est que de dix à quinze centimètres; dans d'autres, elle dépasse vingt-cinq centimètres.

CE QU'ON APPELLE SOUS-SOL. — On appelle *sous-sol,* le terrain qui est immédiatement au-dessous du sol arable. Le sous-sol exerce sur le sol arable une double influence. Premièrement, l'état de perméabilité ou d'imperméabilité du sous-sol maintient ou atténue la sécheresse ou l'humidité du sol arable. En second lieu, par l'action lente du temps, et par une série de désagrégations et d'agrégations nouvelles, il s'établit entre le sol arable et le sous-sol un échange d'éléments qui modifie l'un et l'autre.

SUBSTANCES MINÉRALES QUI SE RENCONTRENT DANS PRESQUE TOUS LES SOLS ARABLES. — Les substances qui constituent les sols arables sont de deux sortes : substances minérales et substances organiques.

Trois substances minérales se retrouvent, en proportions différentes, dans presque tous les sols, à savoir: l'argile, la silice et le carbonate de chaux.

1° *Argile.* — L'argile est un silicate d'alumine contenant une certaine quantité d'eau; en d'autres termes, c'est un composé de silice, d'alumine et d'eau. La silice ou acide silicique est une combinaison d'oxygène et d'un corps simple nommé silicium. L'alumine ou oxyde d'aluminium est une combinaison d'oxygène avec le métal nommé aluminium, qui est aujourd'hui d'un si grand usage dans l'orfévrerie et la bijouterie. Outre la silice combinée avec l'alumine, l'argile contient souvent de la silice libre sous forme de sable ; enfin elle contient presque toujours de la chaux (1), du carbonate de chaux (2) et des oxydes métalliques (combinaisons de l'oxygène avec les métaux).— L'argile est onctueuse au toucher ; elle peut absorber jusqu'à 70 0/0 de son poids d'eau, et, une fois cette absorption effectuée, elle ne livre que difficilement passage à l'eau. Mise en contact avec la langue, elle y adhère fortement, ce qu'on exprime en disant qu'elle *happe à la langue*. Elle est quelquefois blanche, mais plus souvent colorée en jaune, en rouge ou en brun.— Il existe un grand nombre de variétés d'argile. — *L'argile plastique* varie du blanc grisâtre au gris brun ou au gris rougeâtre ; elle blanchit généralement par la cuisson, et acquiert, avec une grande dureté, la propriété de résister très-bien à l'action du feu. C'est avec cette argile qu'on fait les creusets et les fourneaux des laboratoires de chimie et des fabriques de produits chimiques. — *L'argile blanche*, appelée aussi *kaolin*, est employée à la fabrication de la porcelaine. — *L'argile commune* ou *terre glaise* renferme une certaine quantité de silice libre, sous forme de sable ; elle est employée à la fabrication des briques, des tuiles et des poteries grossières. Elle donne des produits qui résistent plus ou moins à l'action du feu, selon

(1) *Voyez* plus bas *Carbonate de chaux.*
(2) *Voyez* plus bas *Carbonate de chaux.*

qu'elle contient plus ou moins de silice. — L'*argile à foulon*, délayée et battue dans l'eau, mousse comme du savon et en possède les propriétés. Elle est employée pour le dégraissage des laines.

2° *Silice.* — La silice ou acide silicique est, comme nous l'avons déjà dit, une combinaison d'oxygène et d'un corps simple nommé silicium. Complétement pure, la silice forme une poudre blanche et impalpable ; pure et cristallisée, elle forme le quartz ou cristal de roche ; avec addition d'une petite quantité de divers éléments, elle constitue les pierres meulières, les cailloux, le silex (d'où son nom de silice ou acide silicique), enfin les sables ; combinée avec l'alumine, la chaux, la magnésie, la potasse, la soude, elle forme des silicates de chaux, de magnésie, de potasse, de soude. — La silice, à l'état de sable, absorbe, suivant sa ténuité, de 20 à 30 0/0 de son poids d'eau ; et, une fois cette absorption effectuée, elle laisse facilement pénétrer l'eau, ce qui fait que les terrains dans lesquels le sable prédomine sont toujours beaucoup plus secs que les autres.

3° *Carbonate de chaux.* — Le carbonate de chaux est composé d'acide carbonique et de chaux. Le gaz acide carbonique est l'une des combinaisons de l'oxygène avec le carbone ; l'atmosphère en renferme toujours, quoique en très-minime proportion. La chaux ou oxyde de calcium est une combinaison d'oxygène et du métal appelé calcium. La chaux ne se trouve pas dans la nature à l'état isolé ; mais le carbonate de chaux s'y rencontre sous les formes les plus variées, car c'est ce carbonate qui, avec quelques éléments étrangers, constitue le marbre, la pierre de taille et la craie. Ces

substances se nomment des pierres calcaires, des calcaires. C'est de ces calcaires que l'on extrait la chaux,
en les chauffant fortement dans des fours nommés
fours à chaux. Sous l'influence de la chaleur, le gaz
acide carbonique du carbonate devient libre et s'é-
chappe, et il ne reste que la chaux. Cette chaux, en
sortant du four à chaux, est ce qu'on appelle la *chaux
vive*. Elle a une telle affinité pour l'eau qu'elle l'absorbe avec rapidité et avec un dégagement de chaleur
considérable et devient alors la *chaux éteinte*.

Substances organiques : humus végétal et animal.
— Telles sont les trois substances minérales qui font
partie de presque tous les sols : argile, silice, carbonate de chaux. Venons maintenant aux substances organiques qui s'y rencontrent. Ces substances organiques constituent l'*humus*, vulgairement appelé *terreau*.
On distingue l'humus animal et l'humus végétal. L'un
et l'autre proviennent de la décomposition des matières organiques. L'humus animal provient de la décomposition des substances d'origine animale, telles
que la chair, le sang, les os, les plumes, les poils,
les excréments. L'humus végétal provient de la décomposition de certaines parties des végétaux, telles
que les feuilles qui tombent, l'écorce qui se détache,
les racines et les tiges qui meurent. Ces diverses substances se transforment continuellement et lentement,
à la surface de la terre, en une matière noire et onctueuse, qui est l'humus, et qui se mélange aux divers
éléments du sol arable. En général, plus l'humus est
abondant dans un terrain, plus le terrain est favorable
à la végétation.

II. — Classification des sols arables.

Quatre classes de sols arables. — Les quatre éléments principaux des sols arables étant l'argile, la silice, le carbonate de chaux et l'humus, on peut admettre quatre classes de sols arables : *sols argileux*, où prédomine l'argile ; *sols siliceux* ou *sableux*, où prédomine la silice ; *sols calcaires*, où prédomine le carbonate de chaux; *sols humifères*, où prédominent les matières organiques.

Propriétés des sols argileux. — Les sols argileux sont ceux dans lesquels l'argile prédomine, et qui par conséquent possèdent d'une façon plus ou moins complète les propriétés des argiles pures. Ces sols sont onctueux au toucher et plus ou moins colorés en brun, en jaune ou en rouge; ils ont l'odeur et la saveur des argiles, et happent à la langue; secs, ils absorbent l'eau en grande quantité, pour former une pâte liante et glutineuse, ce qui fait qu'après les pluies, ils adhèrent très-fortement aux pieds et à tous les instruments aratoires; en se desséchant, ils durcissent beaucoup, se contractent et se crevassent; ils se laissent difficilement travailler et, après le labour, forment des mottes consistantes. Ces caractères sont d'autant plus saillants que la quantité d'argile est plus forte. Peu de plantes croissent spontanément dans les sols argileux; voici celles qu'on y rencontre ordinairement : *yèble* (principalement dans les terres fortes et fertiles), *laitue vireuse, tussilage pas-d'âne, chicorée sauvage, lotier corniculé, orobe tubéreux, agrostide traçante, aristoloche commune.* — La culture des sols argileux est de beaucoup la plus coûteuse, et, en général, donne des résultats peu satisfaisants ; mais ils sont très-propres à la culture des fèves, des choux, du trèfle, et surtout des froments d'automne; de plus, dans les années sèches, les plantes y souffrent moins que dans les autres terrains, parce qu'elles absorbent alors une partie de l'eau que l'argile a retenue.

VARIÉTÉS DES SOLS ARGILEUX. — Les sols argileux renferment les variétés suivantes : sols d'argile pure, sols argilo-ferrugineux, sols argilo-calcaires, sols argilo-sableux (subdivisés en terres fortes et terres franches).

1° *Sols argileux proprement dits.* — Ils renferment plus de 85 0/0 d'argile pure et de silice libre : c'est à ces sols que s'applique principalement ce que nous venons de dire des sols argileux en général.

2° *Sols argilo-ferrugineux.* — Ce sont ceux qui, outre l'argile, renferment une forte proportion d'oxyde de fer ; ils sont rouges, noirs ou de teinte jaunâtre plus ou moins foncée. Ces derniers, qui renferment l'oxyde de fer à l'état d'hydrate (c'est-à-dire à l'état de combinaison avec l'eau), sont tout à fait défavorables à la culture, à moins qu'ils ne renferment beaucoup de matières organiques.

3° *Sols argilo-calcaires.* — Ce sont ceux qui renferment, outre l'argile, une proportion notable de carbonate de chaux. Tantôt le calcaire est disséminé sous forme de très-petits graviers, et alors les terres, au point de vue de la culture, ne diffèrent guère des terres fortes dont nous allons parler. Tantôt, le calcaire, intimement mélangé à l'argile, forme des masses homogènes appelées marnes argileuses. Ces terrains absorbent les eaux de pluie, autant que les argiles

pures, et la culture en est aussi difficile. Le sarrasin,
les pommes de terre, les navets, les vesces, sont, avec
le blé, les plantes qui y réussissent le mieux.

4° *Sols argilo-sableux* (*terres fortes et terres franches*).
— Ces terres, qui contiennent une proportion notable
de silice ou de sable mélangé à l'argile, se distinguent
en *terres fortes* et en *terres franches*. — Les *terres
fortes*, ainsi nommées à cause de la difficulté qu'on
a à les travailler, sont comme les terres argilo-calcaires coûteuses à cultiver et d'un produit fort pré-
caire; cependant les fèves, les trèfles, les choux, les
bois blancs y viennent bien. — Les *terres franches*,
moins lourdes et moins froides que les terres fortes,
et peu différentes des terres sablo-argileuses dont nous
allons bientôt parler, conviennent au plus grand
nombre de végétaux usuels; elles contiennent de 10 à
à 30 0/0 de calcaire.

PROPRIÉTÉS DES SOLS SILICEUX OU SABLEUX. — Les sols
siliceux ou sableux sont ceux dans lesquels prédomine la silice sous forme de sable. Ces sols sont
de couleur et d'aspect variables, mais toujours rudes
au toucher; ils ont peu de cohésion (ce qui leur fait
donner souvent le nom de *terres légères*) et se laissent
facilement travailler, sans adhérer aux pieds ou aux
instruments; ils sont très-perméables et se res-
suient facilement après les pluies, à moins que le
sous-sol ne soit lui-même argileux et imperméable;
ils s'échauffent rapidement au soleil, sans jamais se
durcir, et sont toujours brûlants en été. Les plantes qui
se développent spontanément dans les terrains sablonneux sont les suivantes : *élime des sables,
statice des sables, laiche des sables, roseau des*

sables, sabline pourpre, sabline à feuilles menues, canche naine, canche blanchâtre, ciste hélianthème, ciste moucheté, oseille petite, agrostide des vents, fléole des sables, saule des sables, jasione des montagnes, drave printanière, œillet armerie, œillet des chartreux, plantain corne-de-cerf, géranium sanguin, fétuque rouge, orpin âcre, orpin blanc, alysse calicinale, carline vulgaire, réséda jaune, genêt des Anglais, genêt sagitté, véronique en épi, saxifrage tridactyle, filago des champs, spergule des champs, bouleau commun, châtaignier commun, pin maritime. — La culture des sols sableux est très-facile et peu coûteuse, en raison de leur peu de cohésion. Ils n'exigent pas des labours fréquents, et même on doit se garder de trop multiplier les façons, ce qui ne ferait que dessécher inutilement la couche arable. Quand on peut procurer aux sols sableux une irrigation suffisante, ils deviennent très-féconds; aussi, près des grandes villes, sont-ils très-convenables et très-appréciés pour la culture jardinière, quand on a de l'eau à sa disposition ; mais, comme dans la plupart des cas, l'irrigation deviendrait très-coûteuse dans la grande culture, on ne peut y faire venir avec succès qu'un assez petit nombre de plantes. La pomme de terre y réussit bien ; l'orge, le seigle, l'avoine, le sarrasin, le navet, le trèfle et la luzerne donnent aussi des produits satisfaisants. Le bouleau, le hêtre, le charme, sont propres à y former des taillis; le pin maritime, le pin d'Écosse ou pin sylvestre, le peuplier blanc ou ypréau, le châtaignier et le cerisier peuvent former des plantations de haute futaie. Du reste, quand les sols sableux sont convenablement amendés et fournis d'engrais, ils sont

propres à la culture de toutes sortes de fourrages et
de grains. Mais cette transformation peut être très-
coûteuse et revenir plus cher que l'acquisition de
meilleures terres.

Variétés des sols siliceux ou sableux. — Les sols
siliceux ou sableux renferment les variétés suivantes :
sols de sable pur, sols sablo-argileux, sols sablo-argilo-
calcaires, sols sablo-calcaires, sols quartzeux, caillouteux, graveleux et granitiques, sols volcaniques, sols
sablo-argilo-ferrugineux, sols sablo-humifères.

1° *Sols de sable pur.* — Certains sols sont presque entièrement composés de sable ; telles sont les
dunes ou monticules qui bordent les rivages de la mer
et certaines plaines de sable mouvant. Le seigle, le navet, la spergule, et surtout la pomme de terre, y réussissent passablement.

2° *Sols sablo-argileux.* — Ces terres diffèrent peu
des terres argilo-sableuses, dites *terres franches*. Les
unes et les autres sont principalement composées de
sable et d'argile ; seulement, dans les terres sablo-argileuses, le sable domine, et dans les terres argilo-
sableuses, l'argile domine. Par suite, les terres sablo-argileuses ont toujours un toucher plus rude
et moins d'adhérence que les terres franches, et
les pluies les rendent moins boueuses que celles-ci.
Les terres sablo-argileuses se couvrent naturellement
d'herbes ; ce sont les plus fertiles et les plus faciles à
cultiver.

3° *Sols sablo-argilo-calcaires.* — Dans ces sols, le
sable est plus abondant que chacun des deux autres
éléments, argile et calcaire. Néanmoins la présence
simultanée des trois substances minérales (sable, ar-

gile, calcaire), en proportion suffisante, donne aux
terrains dont il s'agit une très-grande fertilité.

4° *Sols sablo-calcaires.* — Ces sols sont moins fertiles que les précédents.

5° *Sols quartzeux, caillouteux, graveleux et granitiques.* — On appelle quartzeux ou rocheux, les sols
qui sont composés, en majeure partie, de fragments
plus ou moins volumineux de quartz ou de silice;
caillouteux, ceux qui sont formés par des cailloux d'environ 3 centimètres de diamètre ; graveleux, ceux
dont les cailloux ne dépassent pas la grosseur d'un
haricot ou d'une noisette ; granitiques, ceux qui sont
formés par un sable argileux, qui est le résultat de la
destruction des roches granitiques. Ces différents sols
ne peuvent guère être utilisés qu'en plantations de blés,
et, dans certains climats, en plantations de vignes.

6° *Sols volcaniques.* — Les terres volcaniques sont
formées par des éruptions de volcans, soit éteints, soit
en activité. Ce sont généralement des terres noirâtres.
C'est un sol de ce genre qui, au pied du Vésuve, produit le *Lacryma Christi.* En général, les sols volcaniques sont très-fertiles.

7° *Sols sablo-argilo-ferrugineux.* — Ces sortes de
terres sont peu propres aux cultures ordinaires. On
peut les planter en bouleaux et en châtaigniers.

8° *Sols sablo-humifères.* — Ce sont des terres sableuses qui renferment de l'humus ou terreau en
quantité assez considérable pour devenir la principale
cause de leur fertilité. On peut citer, comme exemple
de ces sortes de terres, un vaste terrain de la Russie
méridionale, sur la côte asiatique des monts Ourals. C'est
le meilleur sol que la Russie possède pour le blé et

les pâturages. Jamais on ne lui a appliqué d'engrais.

Propriétés des sols calcaires. — Les sols calcaires sont ceux dans lesquels la proportion du carbonate de chaux l'emporte sur celle de chacun des autres éléments terreux. Ces sols ont en général une couleur blanchâtre ; ils sont rendus boueux par les pluies, mais se sèchent facilement et se couvrent alors d'une couche plus ou moins épaisse; ils n'ont aucune ténacité, et, après le labour, ils forment des mottes qui se désagrègent rapidement. Les plantes principales qui croissent spontanément à la surface des sols calcaires sont les suivantes : *brunelle à grandes fleurs, boucage saxifrage, germandrée petit chêne, potentille printanière, seslerie bleuâtre, genièvre commun, coquelicot, arrête-bœuf, violette de Rouen, chardons, gaude, frêne commun, noisetier commun.* — Les sols calcaires sont généralement peu productifs. Leur couleur blanchâtre s'oppose à l'absorption de la chaleur solaire, et par suite la végétation y est tardive. Les gelées les soulèvent en mettant les racines à nu, et les engrais s'y consomment rapidement. En revanche, une plante fourragère, le sainfoin, y réussit parfaitement. Sur les points les plus élevés on doit former des plantations d'arbres : l'arbre de Sainte-Lucie, le merisier des bois, le faux ébénier, l'arbre de Judée, l'orme commun, le noisetier, et comme arbres de haute futaie, le frêne commun, le vernis du Japon, le pin d'Écosse, le sapin, l'épicéa, peuvent être choisis pour ces plantations.

Variétés des sols calcaires. — Les variétés des sols calcaires sont : les sables calcaires, les sols crayeux, les sols tufeux, les marnes calcaires. A ces variétés, il faut ajouter les sols magnésiens.

1° *Sables calcaires.*— Ces terrains, qui se trouvent au bas de certaines montagnes, ne deviennent pas, par l'effet des pluies, aussi boueux que les autres sols calcaires, et ne mettent pas à nu, pendant l'hiver, les racines des plantes. On peut y cultiver avec succès le sainfoin, le seigle, l'orge, l'avoine, les légumes, la vigne, le mûrier.

2° *Sols crayeux.*— Ces sols sont à peu près stériles, surtout dans les pays chauds et secs, et ne sont guère propres qu'aux prairies artificielles. Cependant, quand les craies reposent sur l'argile et retiennent suffisamment les eaux pluviales, elles sont ordinairement assez productives.

3° *Sols tufeux.* — Le *tuf* est un carbonate de chaux plus compacte que la craie ordinaire, et qui est employé dans les constructions. Lorsqu'il est à nu, il est complétement infertile ; mais, lorsqu'il est mélangé, il s'améliore avec le temps et les engrais; alors, le sainfoin, la luzerne, le trèfle, et surtout la vigne, y réussissent bien.

4° *Marnes calcaires.* — On désigne sous le nom de marne un mélange naturel et homogène d'argile et de carbonate de chaux. La marne est argileuse ou calcaire, suivant que l'argile ou le carbonate de chaux domine dans le mélange. Nous avons parlé plus haut, *Sols argilo-calcaires*, des marnes argileuses, il s'agit ici des marnes calcaires. Ces derniers terrains offrent tous les défauts des terrains crayeux. Ils déchaussent presque aussi facilement que la craie, et manquent généralement d'humus.

5° *Calcaires magnésiens.* — Le carbonate de magnésie se rencontre dans presque toutes les terres ; quelquefois, il est associé, presque à parties égales, avec le carbonate de chaux, et il forme alors une roche appelée dolomie, qui se comporte comme le carbonate de chaux. Ces calcaires magnésiens sont cultivés avec succès en Angleterre, en Allemagne et en Italie.

Propriétés des sols humifères. — Les sols humifères sont des terres qui renferment une forte proportion de débris organiques, mais constituant un humus ou terreau dont les effets ne sont pas ceux du terreau ordinaire ; car dans leur état naturel, ces terres sont peu propres à la culture, et ce n'est le plus souvent qu'à l'aide d'amendements et de travaux de toutes sortes qu'on parvient à les convertir en terres de rapport. Cela tient à ce que le terreau ordinaire est formé de débris qui n'ont pas de principes acides, tandis que le terreau des sols humifères provient, au contraire, de débris renfermant des principes acides. L'un est le terreau *doux*, l'autre le terreau *acide*.

Variétés des sols humifères. — Ce sont les terres de bruyère, les terres tourbeuses et les marais.

1° *Terres de bruyère.* — Les terres de bruyère sont formées de sable ferrugineux, mêlé à un terreau ou humus qui provient du détritus des bruyères, des genêts, des fougères, des rhododendrons, des vacciniums, et d'autres plantes qui contiennent beaucoup de tannin et de fer. Ces terres sont très-convenables pour certaines plantes de jardins ; mais quand on veut les utiliser pour la grande culture, par exemple, pour la culture des arbres, des vignes, du sorgho ou des plantes-racines, il faut les chauler, puis les fumer copieusement.

2° *Terrains tourbeux.* — La tourbe est une variété d'humus, produite par la décomposition des plantes sous l'eau. Mais cet humus a des propriétés bien différentes de celles du terreau ordinaire. En effet, les terrains tourbeux qui, par leur origine et leur composition, sembleraient devoir être très-fertiles, sont dans l'état naturel très-peu favorables à la culture, et il y a presque toujours plus d'avantage à les exploiter pour le combustible qu'à en tirer tout autre parti. Cependant, quand ils ont été desséchés, marnés ou chaulés, et suffisamment fumés, on peut y cultiver de l'orge, de l'avoine ou du trèfle. L'aune, le bouleau, le saule, le peuplier, et quelques autres espèces d'arbres, viennent du reste assez bien dans les terres tourbeuses suffisamment desséchées.

3° *Terrains marécageux.* — Ces terrains sont recouverts d'eaux stagnantes, les uns toute l'année, les autres pendant une portion seulement de l'année. Les premiers sont impropres à toute culture ; les seconds peuvent fournir des foins, mais de mauvaise qualité. Le saule, le peuplier, l'aune, le bouleau, y viennent bien, mais il est préférable de les dessécher ou de les transformer en étangs. Les marais des bords de la mer peuvent, à la longue, devenir des terres très-fertiles, et finissent par produire des fourrages d'excellente qualité. On connaît la réputation des animaux de boucherie qu'on engraisse dans les marais des côtes de la Charente-Inférieure et de la Normandie.

Tableau de la classification des sols arables. —

D'après ce qui vient d'être dit, les sols arables peuvent
être classés ainsi qu'il suit :

1. Sols argileux.....
- Sols d'argile pure.
- Sols argilo-ferrugineux.
- Sols argilo-calcaires.
- Sols argilo-sableux.
  - Terres fortes.
  - Terres franches.

2. Sols siliceux. ....
- Sols de sable pur.
- Sols sablo-argileux.
- Sols sablo-argilo-calcaires.
- Sols sablo-calcaires.
- Sols quartzeux, caillouteux, graveleux et granitiques.
- Sols volcaniques.
- Sols sablo-argilo-ferrugineux.
- Sols sablo-humifères.

3. Sols calcaires.....
- Sables calcaires.
- Sols crayeux.
- Sols tufeux.
- Marnes calcaires.
- Calcaires magnésiens.

4. Sols humifères...
- Terres de bruyère.
- Terrains tourbeux.
- Terrains marécageux.

Cette classification est celle de MM. Girardin et Dubreuil (1), dans leur excellent *Traité d'agriculture*. Nous
allons indiquer encore deux autres classifications
qu'il est bon de connaître.

_____

(1) Toutefois, **MM.** Girardin et Dubreuil forment une classe
spéciale des calcaires magnésiens, que nous rattachons, comme
variété, à la classe des sols calcaires.

CLASSIFICATION DE M. MOLL.— La classification précédente est fondée sur la composition minérale du sol. M. Moll, a donné une classification fondée sur l'aptitude des terrains à produire des fourrages. A ce point de vue, M. Moll admet neuf classes de terrains, selon la réussite constante des fourrages généralement cultivés (luzerne, trèfle rouge, sainfoin, trèfle blanc).

1re *classe.* — *Terre à luzerne de* 1re *classe.*—Variété *a*). Sol d'alluvion, profond, argilo-calcaire, riche en terreau.— Variété *b*). Terre franche, moins argileuse que la précédente, profonde, riche, mais sujette au déchaussement. Le colza, le blé, les fèves, la luzerne, y viennent parfaitement. La luzerne produit 1,000 kilogrammes de foin.

2e *classe.*—*Terre à trèfle de* 1re *classe.*—Terre argilo-calcaire, suffisante quantité de terreau, sous-sol un peu humide. La luzerne y dure peu. Le trèfle produit 7,500 kilogrammes par hectare.

3e *classe.* — *Terre à luzerne de* 2e *classe.* — Terrain léger, profond, à sous-sol sec. Le trèfle et le blé y souffrent dans les années sèches. La luzerne produit 6,000 kilogrammes de foin par hectare.

4e *classe.* — *Terre à sainfoin de* 1re *classe.* — Terrain calcaire, léger, à sous-sol moins compacte. Le seigle, l'orge, les pommes de terre, toute récolte printanière, y réussissent bien; le blé y donne passablement de grain, peu de paille. Le sainfoin produit 5,000 kilogrammes de foin par hectare.

5e *classe.* — *Terre à trèfle de* 2e *classe.* — Argile compacte, peu de terreau, sous-sol imperméable; convient encore au trèfle, au blé et surtout à l'avoine. Récolte assez considérable, frais de culture élevés. Le trèfle produit 5,000 kilogrammes de foin par hectare.

6e classe. — Terre à luzerne de 3e classe.— Terrain sablonneux, sous-sol de sable et de cailloux. Les plantes-racines, la navette, le seigle, le sarrasin y donnent des récoltes avec de fortes fumures. Le blé n'y réussit que dans les années humides. La luzerne y vient peu; elle produit 3,000 kilogrammes de foin par hectare.

7e classe. — Terre à trèfle blanc de 1re classe. — Variété *a*). Sol argileux maigre, sous-sol imperméable. —Variété *b*).Terrains quartzeux, sous-sol imperméable. Ce terrain ne convient qu'au trèfle blanc et à l'avoine; le blé n'y donne de bonnes récoltes qu'à l'aide de fortes fumure et du marnage ou du chaulage. Ce terrain nourrit 1 vache 1/4 par hectare.

8e classe. — Terre à sainfoin de 2e classe. — Variété *a*). Sable calcaire, sous-sol rocheux. Variété *b*). Marne sablonneuse, brillante. — Variété *c*). Terre pierreuse, reposant sur de la rocaille. —Variété *d*). Sol crayeux, sous-sol de craie pure. Le sainfoin produit 2,000 kilogrammes de foin par hectare.

9e classe. — Terre à trèfle blanc de 2e classe. — Sol sablonneux, pauvre, sous-sol de même nature. Terres ordinaires des landes noires. Ce terrain nourrit 4 moutons par hectare.

CLASSIFICATION DE M. DE GASPARIN. — M. le comte de Gasparin a proposé la classification suivante fondée à la fois sur la composition chimique du sol et sur divers caractères subordonnées à cette composition.

1. Terrains calcaires.	Limons.......	Inconsistants Meubles. Tenaces.	
	Terrains argilo-calcaires....	Argileux. Calcaires.	
	Craies........	Fraîches. Sèches.	
	Sables........	Meubles. Inconsistants.	
2. Terrains non calcaires.	Terrains siliceux	Secs. Frais.	
	Glaises	Inconsistantes.	
		Meubles	Micacées. Schisteuses. Volcaniques. Sablonneuses.
		Tenaces.	
	Argiles.		
3. Terreaux.	Doux.		
	Acides........	Terre de bruyère. Terre de bois. Tourbe.	

M. le comte de Gasparin admet, comme on le voit, trois classes principales de terrains : les terrains calcaires, les terrains non calcaires et les terreaux.

Terrains calcaires. — Ils comprennent les limons, les terrains argilo-calcaires, les craies et les sables. — Toute terre, qui, contenant de la chaux ou de la magnésie, ou de l'une et de l'autre en quantité appréciable, a au moins 10 0/0 de silice et 10 0/0 d'argile, est un limon. Le limon est inconsistant lorsque, l'argile étant en petite quantité, la chaux et la silice dominent, ce qui donne une terre légère se remuant à la pelle. Le limon est meuble quand, la proportion des diffé-

rents éléments étant mieux équilibrée, le limon a une
ténacité moyenne. Le limon est tenace quand l'argile
est prédominante ; il a la couleur d'un jaune brunâtre
et donne une excellente terre à froment.—Les terrains
argilo-calcaires sont argilo-calcaires argileux , ayant
au moins 50 0/0 d'argile, ou argilo-calcaires calcaires, ayant au moins 50 0/0 de carbonate de chaux
ou de magnésie et au moins 10 0/0 d'argile. — Les
craies ont au moins 60 0/0 de carbonate de chaux
et au plus 10 0/0 d'argile. Elles sont fraîches si
elles ont un sol profond en communication avec le
réservoir d'eau; elles sont sèches si le sous-sol imperméable est rapproché de la surface. — Les sables
calcaires contiennent 50 0/0 d'un sable siliceux et
calcaire qui ne passe pas par un crible dont les trous
ont un demi-millimètre de diamètre. Ils sont meubles
quand la craie pure et l'argile sont en quantité suffisante; ils sont inconsistants si le sable est prédominant.

Terrains non-calcaires. — Ils comprennent les terrains siliceux, les glaises et les argiles. — Les terrains
siliceux sont ceux qui renferment au moins 55 0/0
de silice libre. Ils sont secs ou frais suivant le climat.
— Les glaises renferment au moins 45 0/0 d'argile et
10 0/0 de silice libre. Elles sont inconsistantes, meubles ou tenaces, selon qu'elles ont peu, passablement ou
beaucoup de ténacité. Les glaises meubles sont mica-
cées (formées de débris de schistes micacés), ou schis-
teuses (formées de débris de schistes argileux et
d'ardoises), ou volcaniques (formées de débris de basaltes et d'autres débris volcaniques), ou sablonneuses
(formées de sable très-fin).—Les argiles sont des terres
renfermant plus de 85 0/0 d'argile et de silice libre.

Terreaux.— Ce sont les marais à bases organiques.
Les terreaux sont doux, si l'eau dans laquelle ils ont
bouilli ne rougit pas le papier de tournesol ; ils sont
acides, dans le cas contraire. Les terreaux acides comprennent la terre de bruyère (détritus des bruyères,
des genêts, des fougères), la terre de bois (terre provenant de défrichements récents de bois) et la tourbe
(terre formée, dans les terrains marécageux et non calcaires, des débris de certaines plantes).

OBSERVATIONS SUR CES CLASSIFICATIONS. — La classification de M. Moll, fondée sur l'aptitude des terrains à
produire des fourrages, repose sans doute sur une
considération importante, mais dont la valeur toutefois n'est pas telle qu'elle puisse dominer tout
autre point de vue. La classification de M. le comte de
Gasparin, fondée en premier lieu sur la composition chimique des terrains et secondairement sur les états divers de fraîcheur, de sécheresse, de consistance, de
mobilité, etc. de ces mêmes terrains, tient compte
de ces divers caractères, en subordonnant les caractères
accessoires aux caractères essentiels; mais les caractères accessoires nous paraissent assez arbitrairement
choisis. La classification de MM. Gasparin et Dubreuil,
fondée exclusivement sur la composition chimique
des terrains, nous paraît de beaucoup la plus rigou-
reuse et la plus satisfaisante.

SUBSTANCES DIVERSES QUI PEUVENT SE RENCONTRER DANS
LES SOLS ARABLES.— En partageant les sols en 4 classes
d'après leur composition chimique (sols argileux,
sols siliceux, sols calcaires, sols humifères), et en
distribuant ces classes en variétés d'après la proportion plus ou moins forte des éléments renfermés dans

chaque classe, il n'est pas possible de tenir compte de certaines substances qui dominent ou se rencontrent en grande quantité dans certains sols seulement et qui ne se rencontrent qu'accessoirement dans la généralité des sols. Mais nous devons en dire un mot pour terminer ce qui a rapport à la composition des sols arables. Ces substances sont : le sulfate de chaux, le phosphate de chaux, la potasse, la soude, le sel marin, les oxydes de fer et de manganèse.

Le sulfate de chaux est un composé de chaux et d'acide sulfurique (acide formé lui-même d'oxygène et de soufre). Ce sulfate est très-commun et constitue des collines entières. Dans son état naturel, il contient de l'eau de combinaison et il forme la pierre à plâtre ou plâtre cru. Chauffé dans un four, il perd son eau et forme ce qu'on appelle le plâtre cuit. Le sulfate de chaux, quoique peu soluble, existe en dissolution dans la plupart des eaux, et ces eaux, de difficile digestion, sont appelées *dures* ou *crues*.

Le phosphate de chaux est une combinaison de chaux et d'acide phosphorique (formé lui-même de phosphore et d'oxygène). On le rencontre dans la nature en grandes ou en petites masses, désignées par les minéralogistes sous le nom de *phosphorites*. Le phosphate de chaux est l'un des principes essentiels des os, qui en renferment plus des deux cinquièmes de leur poids.

La potasse (combinaison d'oxygène avec le métal nommé *potassium*) et la soude (combinaison d'oxygène avec le métal nommé *sodium*) se trouvent en petite quantité dans presque tous les sols arables. Combinée avec l'acide azotique ou nitrique (formé lui-même d'oxygène et d'azote), la potasse forme l'azotate ou nitrate de potasse (salpêtre).

Le chlorure de sodium (combinaison de chlore et de sodium), appelé vulgairement *sel marin* ou simplement *sel*, se rencontre dans les terres, mais généralement en proportion très-faible.

Enfin l'oxyde de fer (combinaison d'oxygène et de fer) et l'oxyde de manganèse (combinaison d'oxygène et de manganèse) sont très-répandus et se rencontrent, le premier en assez forte proportion, le second en proportion très-faible.

CHAPITRE II.

DES ENGRAIS ET AMENDEMENTS.

SOMMAIRE. — I. *Distinction et définition des engrais et des amendements.* — II. *Amendements argileux.* — III. *Amendements siliceux.* — IV. *Amendements calcaires.* —Marne. — Chaux. — Plâtras ou débris de démolition. — Falun. — Sables coquilliers (maerl, treaz, tangue). —Coquilles d'huîtres et autres. — V. *Engrais minéraux.* — Rôle des engrais minéraux. — Principaux engrais minéraux. — Plâtre. — Acide sulfurique étendu. — Cendres (cendres de bois, de tourbe, de houille, de varechs, noires ou pyriteuses). — Sel marin. — Sels ammoniacaux. — Nitrate de potasse (salpêtre) et nitrate de soude. —Suie.— Engrais phosphatés.—De l'écobuage.—VI. *Engrais d'origine animale.* — Principaux engrais d'origine animale. — Excréments des bêtes à cornes, du cheval, du porc et des bêtes à laine. — Du parcage. —Excréments de l'homme ; gadoue; poudrette. — Colombine et poulaille. — Guano. — chairs des animaux morts. — Sang des animaux. — Matières cornées des animaux. — Résidus des fabriques. — VII. *Engrais d'origine végétale.* — Engrais verts. — Végétaux marins. — Marcs de raisins, d'olives, de pommes et de poires. — Tourteaux. — VIII. *Fumiers de ferme et autres engrais mixtes.* — Principes constituants du fumier de ferme. — Administration du fumier de ferme. — Emploi du fumier de ferme. — Autres engrais mixtes, boue des villes, vases des marais, étangs, etc. — IX. *Composts, engrais industriels et engrais chimiques.* — X. *Valeur relative des engrais.*

I. — DISTINCTION ET DÉFINITION DES ENGRAIS ET DES AMENDEMENTS.

AMENDEMENTS. — On désigne sous le nom d'amendements toutes les matières qui, par un mélange convenablement approprié, modifient et améliorent la composition du sol, mais qui n'ont pas particulièrement pour objet la nutrition des plantes, à la différence des engrais, dont c'est là l'objet propre. Un sol qui présente des proportions convenables d'argile, de calcaire et de sable n'a pas besoin d'amendements, mais celui où l'un de ces éléments prédomine à l'excès exige que l'on en corrige les défauts par l'addition de certaines substances de qualités opposées. Les amendements doivent donc varier de nature suivant la nature même des terrains. Ils peuvent être partagés en trois classes : amendements argileux, amendements siliceux, amendements calcaires. Nous en parlerons ci-dessous et dans cet ordre.

ENGRAIS. — Les engrais sont les matières qui, étant ajoutées au sol, concourent directement, soit par leur décomposition, soit par leur absorption immédiate, à la nutrition des plantes. Les plantes sont formées de carbone, d'hydrogène, d'oxygène, d'azote et d'un petit nombre de substances minérales. Il faut donc que les plantes, pour vivre, pour accomplir l'acte de la nutrition, absorbent le carbone, l'hydrogène, l'azote et

certaines substances minérales. — Le carbone est introduit dans le tissu de la plante par la décomposition de
l'acide carbonique. En effet, les feuilles et les parties
vertes de la plante absorbent l'acide carbonique de
l'air, le décomposent, sous l'influence de la lumière,
en oxygène et carbone, et s'assimilent le carbone en
laissant se dégager l'oxygène. Une certaine quantité
d'acide carbonique pénètre également avec l'eau dans
la plante par l'intermédiaire des spongioles des racines, et, sous l'influence de la lumière, se décom-
pose en oxygène qui se dégage et en carbone que la
plante s'assimile. — L'hydrogène de la plante provient de la décomposition de l'eau en ses deux éléments, oxygène et hydrogène, eau que la plante puise
dans le sol. — L'oxygène de la plante provient de
l'eau et de l'air : il provient premièrement de la décomposition de l'eau en ses deux éléments, oxygène et
hydrogène, eau que la plante puise dans le sol ; il provient, en second lieu, de l'oxygène de l'air que les
feuilles et les parties vertes des plantes absorbent *pendant la nuit*, par une action inverse de celle par laquelle, *pendant le jour*, elles s'assimilent le carbone
en rejetant l'oxygène. — L'azote est introduit dans la
plante, non à l'état d'azote libre, mais à l'état d'ammonia-
que(combinaison d'hydrogène et d'azote).Cette ammoniaque,constamment formée par la décomposition des matières organiques, est absorbée tant par les racines que par
les feuilles, et, par des décompositions et recomposi-
tions successives, donne lieu à un grand nombre de
composés azotés. — Enfin, l'humus du sol fournit aux
racines, outre les matières gazeuzes (acide carbonique,
ammoniaque, etc.) provenant de sa décomposition lente

et continue, des dissolutions chargées de substances azotées et de certaines substances minérales, et propres à la nutrition de la plante ; et le sol lui-même, abstraction faite de l'humus, fournit également aux racines des dissolutions chargées de substances minérales et propres à la nutrition de la plante. — La plante tire donc de l'air et du sol même ce qui est nécessaire ou utile à sa nutrition : carbone, hydrogène, oxygène, azote, et certaines substances minérales. Eh bien ! fournir à l'alimentation de la plante un supplément de carbone, d'azote et de principes minéraux, et surtout un supplément d'azote, et compenser ainsi la déperdition de substances nutritives que le sol subit chaque année en portant des récoltes, tel est le rôle des engrais. Ils peuvent se partager en quatre classes : engrais minéraux (substances minérales), engrais d'origine animale, engrais d'origine végétale, engrais mixtes (mélanges de substances d'origine diverse). Nous en parlerons ci-dessous et dans cet ordre.

II. — AMENDEMENTS ARGILEUX.

On améliore un sol sableux ou calcaire en répandant sur ce sol de l'argile réduite en poudre, ou des vases argileuses qui se divisent assez facilement. L'argile, pour exercer une action véritablement améliorante, doit avoir été exposée, pendant plusieurs années, aux influences de l'atmosphère, parce qu'alors elle se divise bien et se mêle facilement avec le sol. L'argile brûlée ou calcinée est regardée comme un amendement très-avantageux, même pour les terres argileuses. Elle doit être brûlée humide : elle donne alors, après la combustion, des mottes facilement pulvérisables ; sèche, elle durcit au feu et se pulvérise difficilement.

III. — AMENDEMENTS SILICEUX.

Les amendements siliceux sont les cailloux, le gravier, le sable, le grès pilé, qui sont tous formés de silice. Ces matières, en divisant les terrains trop compactes, les rendent plus perméables à l'air et à l'eau. Les sables d'alluvion, les sables de mer et les vases sont préférables aux autres sables, mais comme ordinairement ils renferment plus de carbonate de chaux que de silice, en raison des détritus de coquilles qu'ils renferment, ils rentrent dans la classe des amendements calcaires.

IV. — AMENDEMENTS CALCAIRES.

Les amendements calcaires sont la marne, la chaux, les plâtras ou débris de démolition, le falun, les sables coquilliers, les coquilles d'huîtres et autres. Ces amendements produisent de bons effets sur les sols dépourvus de calcaire ou qui n'en renferment qu'une très-petite portion. Ils conviennent surtout aux sols froids et humides, aux terres glaiseuses, aux terres argilo-siliceuses.

MARNE. — La marne est un mélange naturel et homogène de carbonate de chaux et d'argile, qui fait avec les acides une effervescence d'autant plus vive qu'elle contient plus de carbonate de chaux. On la rencontre en couches plus ou moins épaisses et à des profondeurs variables sous la terre végétale. Certaines plantes sont ordinairement un indice des sols dans lesquels la marne se trouve à peu de profondeur, ce sont : *les*

*tussilages, l'ononis, les saules, les ronces, les chardons,
le mélampyre, le trèfle jaune, les plantains.* Souvent
les couches sablonneuses la recouvrent ou la supportent. Lorsque aucun signe ne l'indique, on la re-
cherche directement par des sondages. La marne est
argileuse ou calcaire, suivant que l'argile ou le carbonate de chaux domine dans la composition. La marne
calcaire est la plus active. Elle convient particulièrement aux sols argileux et à tous les sols humides. Cependant, il ne suffit pas qu'une marne soit plus riche
qu'une autre en carbonate de chaux pour qu'on la
préfère, il faut encore qu'elle se divise et se réduise en
poussière, au contact de l'air humide; car les noyaux
calcaires qui ne se désagrégent pas n'ont véritablement
aucune influence. L'emploi de la marne amène dans la
culture des améliorations incontestables; mais souvent
l'effet ne se produit ni la première ni la seconde année, si le mélange avec la masse de terre n'a pas été
bien fait. Quant à la quantité de marne à employer,
elle varie de 300 à 1,000 mètres cubes par hectare, selon la proportion du carbonate de chaux contenu dans
le terrain, selon la proportion de carbonate de chaux
contenu dans la marne elle-même, et aussi suivant la
profondeur des labours: plus, en effet, la couche
labourée est épaisse, plus il lui faut de marne, pour
qu'elle contienne dans toute sa masse la proportion
convenable de carbonate de chaux.

Voici comment on procède au marnage. A l'automne,
on dépose la marne sur le sol en petits tas égaux,
placés à 6 ou 7 mètres de distance. Après un séjour
de quelque temps à l'action de l'air, du soleil et de
l'humidité des nuits, on la répand sur toute la surface

de la terre, si elle se délite suffisamment ; si elle ne se
délite pas, on laisse les tas se déliter pendant l'hiver,
et on les étend au printemps. En marnant, il ne faut
pas d'ailleurs diminuer la quantité des engrais, car, la
marne rendant les produits plus considérables, ces produits réclament une alimentation suffisante, c'est-à-
dire des engrais.

CHAUX. — La chaux vive ou caustique, c'est-à-dire
la pierre à chaux privée par la cuisson de son acide
carbonique et de l'eau qu'elle renferme, exerce sur la
végétation des effets plus puissants que la marne, et
convient surtout aux terrains non calcaires et à ceux
dont l'humus est acide, tels que les terres de bruyère
et les tourbes. Suivant les pierres à chaux que l'on a
employées, on obtient de la chaux pure, ou de la chaux
siliceuse, ou de la chaux argileuse, ou de la chaux magnésifère ; et ces diverses qualités de chaux vive n'a-
gissent pas toutes sur le sol de la même manière. La
chaux pure, dite aussi chaux grasse, est la plus active.
La chaux siliceuse (mélangée de silice), dite aussi chaux
maigre, doit s'employer en plus fortes proportions. La
chaux argileuse (mélangée d'argile), dite aussi chaux
hydraulique, paraît plus favorable à la croissance des
fourrages et de la paille qu'à celle du grain. Elle néces-
site d'ailleurs un traitement particulier : on a remar-
qué, en effet, que quand cette chaux n'est pas bien
éteinte, et qu'on l'applique en dose un peu forte
sur un terrain siliceux qui n'est pas pourvu abondamment de débris végétaux, elle forme avec celui-ci une
espèce de mortier qui le rend très-tenace. Quant à la
chaux magnésifère, on lui reproche d'épuiser le sol, si
on ne la fait pas suivre d'engrais très-abondants. — La

chaux ne doit être incorporée au sol que lorsqu'elle est bien délitée, c'est-à-dire réduite en poudre sèche. Pour l'amener à cet état, on met les morceaux de chaux vive en petits tas, à la surface même du champ labouré, et on la recouvre d'une couche de terre assez épaisse; on abandonne le tout jusqu'à ce que la chaux se réduise en poudre. On la mêle alors avec la terre, et on la répand bien également à la pelle, puis on la mélange au sol par des hersages réitérés qu'on fait suivre de plusieurs labours alternativement profonds et superficiels. La dose moyenne de chaux est en général de 4 mètres cubes ou 40 hectolitres par hectare. L'effet de l'amendement à cette dose se continue pendant douze ans. D'ailleurs il en est de la chaux comme de la marne : elle ne dispense pas des engrais; au contraire, elle les rend nécessaires.

Platras ou débris de démolition. — Les plâtras ou débris de démolition constituent un amendement très-utile, parce que, outre le carbonate de chaux, ils renferment beaucoup de sels qui s'ajoutent à l'effet de ce carbonate. Cet amendement ne convient du reste qu'aux sols non calcaires. La durée en est fort longue.

Falun. — Dans certaines parties de la France (Landes, Gironde, Maine-et-Loire, Indre-et-Loire, etc.), on utilise, comme amendement, des coquilles fossiles qu'on trouve, soit sur les bords de la mer, soit dans l'intérieur des terres. Les dépôts de ces coquilles forment ce qu'on appelle le *falun*, qui renferme, outre le carbonate de chaux, des débris de matières organiques.

Sables coquilliers. — En Bretagne et en Normandie, on emploie comme amendement des sables coquilliers désignés sous le nom de *maerl*, de *treaz* et de *tangue.* — Le maerl ou merl, appelé aussi sable de mer ou sable vermiculaire, est formé de petits coraux entremêlés de coquillages et de divers débris. En raison de son abondante matière calcaire, il agit efficacement sur les sols argilo-siliceux de la Bretagne. L'emploi du maerl, sans dispenser de fumer les terres, ajoute beaucoup à l'action du fumier. On le trouve à Morlaix, à Brest, à Quimper. — Le treaz ou trez, appelé aussi sable de mer, est un sable marin assez gros et entremêlé de volumineux débris de coquilles. On le récolte dans plusieurs localités des environs de Morlaix, où il est surtout employé dans les terrains maraîchers. — La tangue est un produit pulvérulent qui se trouve sur les côtes du département de la Manche, principalement à l'embouchure des rivières. Elle est formée principalement de silice pure, d'argile et de carbonate de chaux, éléments auxquels s'associent divers débris organiques et une proportion très-faible de sel marin. Elle est employée en quantité considérable dans l'arrondissement de Coutances, soit seule, soit avec des engrais. C'est une substance précieuse pour les cultivateurs qui ont un court trajet à faire, mais quand elle est transportée à 20 ou 25 kilomètres, comme cela a lieu en Normandie, la valeur de cet amendement n'est plus en rapport avec le prix de revient.

Coquilles d'huîtres et autres. — Les coquilles d'huîtres, de moules, d'oursins et autres, peuvent rendre, comme amendements, les mêmes services que le falun et les sables coquilliers. On les pile et en parsème le sol.

V. — ENGRAIS MINÉRAUX.

RÔLE DES ENGRAIS MINÉRAUX. — Les engrais minéraux sont des matières minérales, plus ou moins solubles dans l'eau, et qui concourent à fournir aux plantes les principes minéraux dont leurs tissus ont besoin pour se développer. Chaque plante renferme, dans ses divers organes, des principes minéraux, et comme, à chaque récolte, on enlève la portion de principes minéraux que la plante récoltée avait puisée dans le sol, il faut bien rendre à ce sol ce dont on l'a appauvri. C'est précisément ce que l'on fait en ajoutant au sol des engrais minéraux. Mais les engrais minéraux remplissent encore un autre rôle. Ils donnent aux feuilles et aux parties vertes des plantes la faculté de décomposer plus fortement l'acide carbonique de l'air pour s'en approprier le carbone, et disposent ainsi les plantes à recevoir une alimentation plus abondante et à produire une plus forte végétation. A ce point de vue, on les nomme des stimulants. Par cela même que ces sortes d'engrais tendent à activer la végétation, et néanmoins ne fournissent au sol que des principes minéraux, c'est-à-dire des éléments accessoires d'alimentation, on doit y joindre d'autres engrais renfermant les éléments essentiels de l'alimentation.

PRINCIPAUX ENGRAIS MINÉRAUX. — Les principaux engrais minéraux sont : le plâtre, l'acide sulfurique étendu, les cendres, le sel marin, les sels ammoniacaux, le nitrate de potasse (salpêtre), le nitrate de soude, la suie et les engrais phosphatés.

PLATRE. — Le plâtre est un sulfate de chaux (combinaison d'acide sulfurique et de chaux). Il s'emploie surtout comme engrais des prairies artificielles; il agit peu sur les prairies naturelles et pas du tout sur les céréales. On le répand sur les prairies artificielles après l'avoir réduit en poudre fine ; mais il vaut mieux l'acheter en morceaux qu'en poudre, parce qu'en poudre, il peut être facilement falsifié par l'addition de sable, d'argile ou d'autres substances. La dose la plus générale est de 3 hectolitres par hectare. On répand ordinairement le plâtre au printemps, le soir ou le matin, à la rosée, par un temps calme et couvert. Le plus habituellement, on le répand à l'état de *plâtre cuit;* mais le *plâtre cru,* c'est-à-dire non calciné, opère tout aussi bien que le plâtre cuit. Quelques cultivateurs, au lieu de répandre le plâtre sur les prairies artificielles déjà levées, ont obtenu d'aussi bons effets en incorporant le plâtre dans le sol à l'époque des labours d'automne; on peut aussi répandre une partie du plâtre en semant la prairie artificielle, et, au printemps suivant, saupoudrer la prairie avec le reste. Enfin, au lieu de répandre le plâtre sur les plantes ou de l'incorporer au sol, on peut l'incorporer dans le fumier, où il retient les gaz ammoniacaux. Quoi qu'il en soit, l'expérience a prouvé que le plâtre ne doit être employé que tous les cinq ou six ans.

ACIDE SULFURIQUE ÉTENDU. — Dans les localités éloignées des carrières de plâtre, on peut remplacer le plâtre par l'acide sulfurique très-étendu d'eau. En effet, l'acide sulfurique répandu sur un terrain, par son action sur le carbonate de chaux de ce terrain, produit à l'instant du sulfate de chaux ou du plâtre.

Il n'y a d'ailleurs utilité à remplacer le plâtre par l'acide sulfurique que dans les localités où le plâtre est fort cher et où, en même temps, l'acide sulfurique s'achète à bon marché.

CENDRES. — Il convient d'examiner séparément les diverses espèces de cendres.

Cendres de bois. — Les cendres de bois se composent de substances solubles et de substances insolubles. Parmi les matières solubles, dominent les carbonates de potasse et de soude; parmi les matières insolubles, domine le carbonate de chaux. En traitant les cendres par l'eau, on dissout une grande partie des matières solubles, et on obtient des *lessives*. Le résidu porte le nom de *charrée.* Les cendres constituent à la fois un engrais et un amendement dont les bons effets se font surtout sentir sur les sols non calcaires. Non-seulement elles facilitent la végétation des bonnes plantes, mais leur emploi suivi pendant quelques années détruit les mauvaises herbes. La charrée est moins riche en sels solubles que les cendres non lessivées, mais elle renferme néanmoins des sels solubles qui ont résisté à l'action de l'eau, et, en raison du bas prix auquel on l'obtient, elle est fort employée. Elle est profitable à toutes les récoltes, et peut être employée pendant toutes les saisons, excepté pendant l'hiver. Pour les prés non arrosés, elle est l'engrais par excellence. Dans les contrées où on l'applique aux céréales et aux plantes légumières ou industrielles, on a pu se convaincre, par expérience, qu'en la mélangeant au fumier, ce mélange accroît, dans des proportions considérables, la fécondité du sol.

Cendres de tourbe. — Dans certaines contrées, on emploie béaucoup les cendres de tourbe pour les fourrages artificiels, le lin, les récoltes du printemps et les prairies naturelles non arrosées. Ce y qui domine généralement, c'est le carbonate de chaux et la chaux caustique ; elles renferment quelquefois aussi une proportion notable de sulfate de chaux. On associe souvent les cendres de tourbe à la chaux.

Cendres de houille. — Les cendres de houille s'emploient pour amender les terres froides, humides et argileuses, pour colorer en noir les terres gypseuses et blanchâtres ; elles produisent aussi de bons effets sur les terres marécageuses. Leur action se fait surtout sentir sur les pâturages. On les applique avec succès aux pommes de terre, au seigle et au trèfle. Leur effet ne dure qu'un an.

Cendres de varechs. — Les varechs, fucus ou goëmons qu'on recueille sur les côtes maritimes, sont brûlés, en bien des endroits, pour en avoir les cendres. Ces cendres s'emploient tantôt seules, tantôt mêlées avec de la terre, du sable, de mauvais sels marins, du fumier de ferme et divers débris organiques. Ce mélange se fait surtout à l'île de Noirmoutiers. On en forme des tas qu'on mouille de temps en temps avec de l'eau salée, et qui finissent par ressembler à du terréau.

Cendres noires ou pyriteuses. — Dans la Picardie, il existe des bancs de lignite noir, alumineux et pyriteux, qu'on emploie sous le nòm de cendres noires ou de cendres pyriteuses. Ces cendres, outre des débris organiques, du charbon et une matière bitumineuse, contiennent du carbonate de chaux, de l'argile, de la silice plus ou moins gélatineuse, du sulfure de fer, de l'oxyde de fer et des sulfates acides de fer et d'alumine. La présence de ces derniers sels explique les propriétés for? actives qu'elles possèdent comme engrais des prairies artificielles el des prairies naturelles. C'est surtout sur les sols calcaires ou sur les sols fréquemment chaulés ou marnés que ces cendres produisent de bons effets. Dans le département de la Seine-Inférieure, où l'on fabrique de la couperose avec des lignites pyriteux analogues à ceux de la Picardie, on fait des terres pyriteuses lessivées un assez grand usage sur les prairies et les herbages humides. Ces terres pyriteuses sont ordinairement mélangées avec un quart de leur poids de cendres de tourbe.

SEL MARIN OU CHLORURE DE SODIUM. — L'emploi du sel en agriculture a soulevé beaucoup de discussions. Il est également incontestable que certaines plantes ne peuvent vivre sans sel marin, et que la plupart des plantes terrestres, mises subitement en présence d'une grande quantité de sel, périssent aussitôt. Il reste donc à fixer, d'une manière exacte, les doses de sel à employer, soit en poudre, soit à l'"état de dissolution; mais deux points sont acquis : 1° amélioration, par l'emploi du sel à une dose convenable, de la qualité des fourrages dans les prés humides ; 2° augmentation, par l'emploi du sel à une dose convenable, de toutes les récoltes dans les sols de nature argilo-calcaire et pas trop secs. — Dans les exploitations où existe un nombreux bétail, la meilleure manière de tirer parti des bons effets du sel, c'est de le faire manger par les animaux. Le sel passe dans leurs urines et leurs excréments, de sorte qu'il enrichit les engrais, et qu'incorporé ainsi à la substance même des fumiers, il exerce sur les plantes une influence bienfaisante et ne nuit jamais.

SELS AMMONIACAUX. — La nutrition des plantes étant toujours accompagnée d'une absorption d'azote, et l'azote n'étant utilisé à cet effet que sous forme d'ammoniaque, il est visible que les sels ammoniacaux doivent agir utilement sur la végétation. C'est, du reste, ce que l'expérience a démontré. Dans l'état actuel de la fabrication des sels ammoniacaux, ils ne peuvent être employés en agriculture, à cause de leur prix élevé ; mais les urines, les eaux des fosses à fumier et les eaux des usines à gaz, étant saturées avec de l'acide sulfurique ou du sulfate de fer, fournissent des eaux ammoniacales à très-bon marché qui pourraient être utilisées.

NITRATE DE POTASSE (SALPÊTRE) ET NITRATE DE SOUDE. — Le nitrate ou azotate de potasse (salpêtre) exerce sur les plantes une action très-marquée ; spécialement les bons effets en ont été éprouvés en le mêlant avec du terreau dont on recouvrait les graines de betteraves au moment des semis ; malheureusement, le salpêtre est à un prix trop élevé pour qu'on puisse l'utiliser dans la grande culture. On peut le remplacer par le nitrate de soude, qui jouit des mêmes propriétés et coûte beaucoup moins.

SUIE. — La suie de cheminée est un engrais minéral des plus actifs pour tous les terrains, mais surtout pour les terrains graveleux, crayeux et calcaires. On la répand dans plusieurs contrées sur les prairies naturelles, sur les céréales, sur les trèfles, sur les colzas. Il faut le concours de la pluie peu de temps après l'application de la suie, sans quoi l'effet n'aurait pas lieu.

ENGRAIS PHOSPHATÉS. — Le phosphore est l'un des principes minéraux essentiels aux plantes. Il est donc utile de rendre au sol le phosphore dont il a été appauvri par les récoltes qu'il a portées. On satisfait à cette condition en employant comme engrais la poudre d'os, le noir des raffineries et le phosphorite ou phosphate de chaux naturel.

Poudre d'os. — Les os des animaux renferment environ 50 0/0 de phosphate de chaux. Les os, pulvérisés ou simplement broyés, sont répandus, au printemps, sur les prairies, et, en même temps que les semences, sur les terres labourées. La dose est de 12 à 1,500 kilogrammes par hectare.

Noir des raffineries. — Le noir animal (charbon d'os calcinés) contient, après avoir servi au raffinage des sucres, plus de 60 0/0 de phosphate de chaux, et une proportion notable de matières azotées. 4 à 5 hectolitres de noir des raffineries, par hectare, pour les terres argileuses, et 3 à 4 hectolitres dans les terrains calcaires ou siliceux, sont des doses généralement admises pour la culture des céréales. 1 hectolitre par 25 ares, semé sur les prairies au mois de mars, ou sur les trèfles immédiatement après la coupe, produit un excellent effet.

Phosphorite. — Le phosphorite ou phosphate de chaux natif se trouve, soit en grandes masses comme en Estramadure (Espagne), soit sous forme de petites roches sphériques, tant en Angleterre qu'en France. On met habituellement de 5 à 600 kilogrammes de poudre de phosphorite à l'hectare.

DE L'ECOBUAGE. — L'écobuage consiste à enlever la couche superficielle du sol couverte d'herbes ou de plantes ligneuses, et à répandre uniformément sur ce sol les cendres qui proviennent de l'incinération. On écobue les terrains incultes, couverts de bruyères, de joncs, de genêts ou de mauvaises herbes, les vieilles prairies artificielles, les marais nouvellement desséchés et surtout les tourbières. L'écobuage produit des effets analogues à ceux des amendements et des engrais minéraux.

VI. — ENGRAIS D'ORIGINE ANIMALE.

PRINCIPAUX ENGRAIS D'ORIGINE ANIMALE. — Les principaux engrais d'origine animale sont les excréments des bêtes à cornes, du cheval, du porc et des bêtes à laine, les excréments de l'homme, la fiente des pigeons (colombine) et celle des poules (poulaille), le guano, les chairs et le sang des animaux morts, les matières cornées des animaux, les résidus des fabriques.

EXCRÉMENTS DES BÊTES A CORNES, DU CHEVAL, DU PORC ET DES BÊTES A LAINE. — Les excréments solides des bêtes à cornes, du cheval, du porc, des bêtes à laine, et les urines de ces animaux, forment, avec les pailles mises comme litière, le fumier de ferme, dont il sera parlé plus bas, au § 8, *Fumier de ferme et autres engrais mixtes.*

DU PARCAGE. — Les excréments des bêtes à laine, au lieu d'être employés à former du fumier, sont souvent livrés directement à la terre au moyen du parcage.

Avant de commencer à parquer une pièce de terre, on doit la labourer deux fois, afin de la mettre en état de recevoir les déjections des animaux. On parque avant ou après la semaille. Dans le second cas, on cesse lorsque la semaille lève. Cependant, dans les sols légers, on laisse quelquefois les moutons manger les feuilles du blé déjà levé, et tasser le terrain par leur piétinement tout en l'engraissant. Un champ est fortement fumé lorsque les moutons, ayant chacun un mètre carré de surface, restent pendant une nuit au même endroit.

EXCRÉMENTS DE L'HOMME ; GADOUE OU ENGRAIS FLAMAND ; POUDRETTE. — Les excréments de l'homme sont un des meilleurs engrais. Il est fâcheux que le produit des fosses d'aisance ne soit pas utilisé au profit de l'agriculture partout où il pourrait l'être. Ce produit est désigné, suivant les localités, sous les noms de *gadoue,* de *vidange,* de *courte graisse,* d'*engrais flamand*. La gadoue est employée, en beaucoup de pays, à l'état frais. A Lille et dans les environs, où l'on en tire un excellent parti, elle est employée après qu'on lui a fait subir une fermentation. A cet effet, chaque cultivateur possède des citernes en briques ou des fosses creusées dans un sol argileux et, recouvertes de planches. Il envoie à la ville ses *beignots* (chariots), chargés de tonneaux pour en rapporter la gadoue ; on vide les tonneaux dans les citernes, et quand la fermentation s'est manifestée, on emploie l'engrais. On ne vide jamais entièrement les citernes ; on y introduit de nouvelles matières à mesure qu'on en tire. Si la gadoue est trop liquide, on jette dans les citernes des tourteaux de colza, d'œillette ou de caméline, réduits en poudre grossière, et l'on remue à l'aide de grandes perches. Si au contraire les matières sont trop épaisses, on les délaye avec de l'eau ou avec des urines de bestiaux. C'est principalement sur le lin, le colza, l'œillette, le tabac, les betteraves, que l'on emploie la gadoue. Cet engrais, comme toutes les matières organiques dont la fermentation putride est achevée, a une action qui est épuisée dans l'année où il est mis en terre; c'est un engrais *annuel,* qui ne saurait remplacer le fumier de ferme.

A Paris et dans d'autres grands centres de population, on convertit la gadoue en poudrette. Pour cela, on creuse en terre une série de bassins peu profonds et disposés de telle sorte que le premier bassin, plus élevé que le second, déverse son contenu dans celui-ci ; que le second bassin, plus élevé que le troisième, déverse son contenu dans celui-ci, et ainsi de suite. La gadoue étant versée dans le premier bassin, on fait écouler les parties liquides dans le second, le premier retenant les matières solides ; puis on fait écouler les parties liquides du second bassin dans le troisième, le second retenant les matières solides qui s'y sont déposées, et ainsi de suite. Les dernières eaux vont se jeter dans des égouts ou dans un cours d'eau, de sorte que la partie liquide des déjections est perdue. Quant aux matières solides qui sont restées dans les bassins, ou les enlève et on les fait sécher. Au bout de plusieurs années, ces matières sont transformées en une poudre brune; c'est la poudrette. On répand la poudrette sur le sol à l'époque des labours. Son action ne se fait bien sentir que sur la première récolte. On lui reproche, mais sans preuves suffisantes, de communiquer aux végétaux un goût désagréable.

COLOMBINE ET POULAILLE. — La colombine ou fiente des pigeons est estimée pour la culture de l'orge, du trèfle, du lin, du chanvre, du jardin potager. La poulaille ou fiente de poule produit des effets semblables, mais moins énergiques.

GUANO. — Le guano se compose d'excréments et de dépouilles d'oiseaux de mer accumulés depuis des siècles. Les abondants dépôts de ces excréments sont répartis sur le littoral du Pérou, de la Bolivie, du Chili et sur la côte sud-ouest de l'Afrique. On peut en distinguer deux espèces, le guano ammoniacal (guano du Pérou et de Bolivie) et le guano phosphaté (guano du Chili et des côtes de l'Afrique). Le premier renferme beaucoup de matières organiques azotées et de sels ammoniacaux ; par la prédominance des principes solubles qu'il renferme, il fait sentir son action dès la première année, mais cette action est bien vite épuisée. Le second est caractérisé par sa richesse en phosphates et sa pauvreté en matières organiques ; par la prédominance des matériaux à peine solubles qui s'y trouvent, il exige un certain temps pour produire des effets appréciables, mais il conserve plus longtemps son action fertilisante. Le guano ammoniacal convient surtout aux cultures fourragères, et le guano phosphaté aux céréales d'hiver. La forme pulvérulente de ces engrais prête beaucoup à la falsification, et certains marchands vendent pour du guano pur du guano mélangé avec de la terre à briques, des argiles, de la craie, de la sciure de bois, etc. D'autres marchands font du mot guano un synonyme d'engrais, et vendent, sous ce nom, des mélanges de débris organiques qui n'ont de commun que le nom avec le vrai guano.

CHAIRS DES ANIMAUX MORTS. — Les chevaux, les chiens, les chats et les autres animaux qui périssent ou qu'on abat peuvent être utilisés comme engrais. On enlève la peau, on divise les chairs, et on les mélange avec environ six fois leur poids de terre et une certaine quantité de chaux vive. On répand le mélange à la surface du sol, ou bien on l'enterre au pied des betteraves, des pommes de terre et autres plantes-racines. Dans les abattoirs de chevaux des environs de Paris, les chairs sont cuites à la vapeur et détachées des os, puis desséchées au soleil, puis desséchées plus complétement dans une étuve à courant d'air sec, et enfin pulvérisées et vendues à 32 francs les 100 kilogrammes.

SANG DES ANIMAUX. — Les cultivateurs qui sont voisins des abattoirs ou des tueries peuvent facilement se procurer du sang frais et le convertir en un engrais solide et facile à conserver. On fait dessécher au four, après la cuisson du pain, de la terre ou de la tourbe fine, quatre ou cinq fois plus qu'on n'a de sang liquide. On tire cette terre ou cette tourbe sur le devant du four et on la retourne à la pelle en l'arrosant avec le sang; on enfourne de nouveau et on l'agite avec le bâton jusqu'à ce que la dessiccation soit complète, puis on introduit le mélange dans des caisses que l'on garde dans un endroit sec jusqu'au moment d'utiliser l'engrais. A Paris, où la quantité de sang fourni par les abattoirs est considérable, ce sang est recueilli aussitôt que les animaux sont abattus, puis desséché par des procédés particuliers, et converti en un engrais de peu de volume, sec et transportable au loin.

MATIÈRES CORNÉES DES ANIMAUX. — La râpure de corne est un des engrais dont l'état de division favorise la décomposition, toujours assez lente. Dans les lieux où il y a des tourneurs d'os et de corne, les ouvriers mêlent ordinairement leurs déchets avec du fumier et les emploient à engraisser leurs pommes de terre. — Les sabots des animaux sont un bon engrais pour les prairies : il suffit de les enfoncer en terre à une certaine distance les uns des autres, et dès la première année on reconnaît, à la vigueur de l'herbe, la place où le sabot a été enfoui. — Les plumes grossières, qu'on ne peut utiliser ni pour l'écriture, ni pour la literie, peuvent se répandre en lignes avec la semence, et les cultivateurs alsaciens les emploient depuis longtemps à la culture du blé. — Les crins, les poils, les cheveux, peuvent également être employés à la culture ; ces matières, répandues en quantité suffisante, peuvent tripler les récoltes des prairies. En Chine, la population se fait raser la tête tous les dix jours ; on ramasse les cheveux qui proviennent de cette tonsure, et on les livre au commerce pour servir d'engrais.

Résidus des fabriques. — Les chiffons de laine et de soie, les déchets et les balayures des fabriques de draps, les eaux de désuintage de la laine brute, les débris de tannerie et de mégisserie, les rognures de cuir, le pain de creton (marc des graisses traitées par les fondeurs de suif), sont aussi des matières qui peuvent être utilisées à la culture.

VII. — ENGRAIS D'ORIGINE VÉGÉTALE.

Principaux engrais d'origine végétale. — Les principaux engrais d'origine végétale sont les engrais verts, les végétaux marins, les marcs de raisin, d'olives, de pommes et de poires, et les marcs de graines oléagineuses.

ENGRAIS VERTS.—Les engrais verts sont les engrais qui résultent de l'enfouissement de certaines plantes à l'état frais. Cet enfouissement se pratique au moment où les plantes sont sur le point de fleurir, car elles ont alors reçu tout leur accroissement et puisé dans l'air toutes les matières nutritives qu'elles peuvent y absorber ; elles n'ont, en outre, presque rien enlevé à la terre, car il a été reconnu qu'elles ne commencent généralement à épuiser celle-ci que depuis l'instant où les graines se forment jusqu'à celui de la maturation. Pour enfouir les plantes et leurs racines, on commence par faire passer un rouleau à plat à la surface du champ, de manière à bien coucher les tiges. On enfouit ensuite avec la charrue ; celle-ci, en marchant dans le même sens que le rouleau, et en renversant sur les tiges bien couchées la bande de terre qu'elle détache, enterre complétement les tiges. Les engrais verts conviennent mieux aux climats chauds qu'aux autres, et aux terres sèches qu'aux terres humides ; aussi, à mesure qu'on remonte du midi vers le nord, les avantages des engrais verts sont moins grands. Du reste, quelque abondante que soit la récolte destinée à être enfouie, elle ne peut jamais produire qu'une demi-fumure.

On considère comme engrais verts non-seulement les plantes enterrées tout entières, mais aussi les feuilles des plantes qui sont cultivées pour leurs racines ou leurs tubercules, telles que les feuilles de betteraves, de carottes, de pommes de terre, etc. Ces matières peuvent servir soit comme engrais, soit comme fourrages, selon la position et les ressources du cultiva-

teur. D'autres débris végétaux sont encore des engrais
verts ; telles sont les feuilles d'arbres, tels sont encore
les rameaux de genêts, d'ajoncs, de bruyères, etc.,
provenant du défoncement des friches.

VÉGÉTAUX MARINS. — Les varechs et autres plantes
marines sont préférables à toutes autres plantes, lorsqu'on peut se les procurer sans trop de frais. On les
enterre aussitôt qu'ils ont été recueillis; et, si la saison
ne permet pas de le faire immédiatement, on en pré-
pare des composts avec de la terre et de la chaux, pour
ralentir leur fermentation tout en les laissant macérer.
On peut encore les stratifier avec du fumier.

MARCS DE RAISIN, D'OLIVES, DE POMMES ET DE POIRES.
— Les marcs de raisin, d'olives, de pommes et de
poires peuvent être utilisés comme engrais. Dans le
Midi, on fume les pieds de vignes avec le marc de
raisin. Dans les pays à cidre, on tire parti du marc de
pommes et du marc de poires pour les prairies et pour
les plantations d'arbres.

TOURTEAUX OU MARCS DE GRAINES OLÉAGINEUSES. —
Les marcs de graines oléagineuses, appelées ordinairement tourteaux, sont, de tous les marcs de fruits,
ceux qu'il faut mettre en première ligne comme engrais. C'est surtout dans les terres franches, les terrains
légers et sablonneux, qu'il faut les employer. Ils sont
moins efficaces dans les terres fortes ou argileuses.
Pour celles-ci, il est avantageux de s'en servir en mélange avec les urines, après un certain temps de putréfaction. L'effet des tourteaux de caméline, d'œillette et de chènevis ne dure qu'un an ; ceux de colza
et de lin font sentir leur action pendant deux années.
C'est le tourteau de colza qn'on applique le plus sou-

vent aux récoltes. On en met de 1,000 à 1,500 kilogrammes par hectare. Il y a avantage à associer le
fumier de ferme aux tourteaux.

VIII. — FUMIER DE FERME ET AUTRES ENGRAIS MIXTES.

PRINCIPES CONSTITUANTS DU FUMIER DE FERME. — Le
fumier de ferme est un mélange des excréments solides de certains animaux (bêtes à cornes, cheval,
porc, bêtes à laine), des urines de ceux-ci, et des pailles
qui ont servi de litière. C'est donc un mélange de substances d'origine animale et d'origine végétale, ou ce
que nous avons appelé un engrais *mixte*. Ce mélange,
d'après les dernières analyses qui ont été faites,
renferme tous les principes propres à l'alimentation
des plantes, à savoir le carbone, l'azote et les sels minéraux convenables, à la différence d'autres engrais
qui ne contiennent que quelques-uns de ces principes
ou qui les contiennent en quantité insuffisante. A ce
point de vue, le fumier de ferme est ce qu'on appelle
un fumier *complet*. C'est celui qui doit servir de base
à toute entreprise agricole. Un mot sur chacun des
trois éléments dont il est formé : excréments solides,
urines, pailles.

Excréments solides. — Les animaux dont on
utilise les excréments sont les bêtes à cornes, le cheval, le porc et les bêtes à laine. Dans la plupart des
fermes, on est dans l'usage de jeter tous les fumiers
dans une même fosse ou sur un même tas, parce que
l'on a reconnu que ce mélange est un moyen certain
d'obtenir le meilleur engrais possible. Il est quelquefois préférable d'appliquer à chaque nature de terre

l'espèce qui lui convient le mieux. Le fumier de vache a une action lente, mais continue et égale, et il entretient l'humidité de la terre : c'est ce qu'on appelle un fumier froid. On peut l'appliquer à tous les terrains, mais il convient surtout aux sols secs, sableux et chauds. Le fumier de porc est aussi un fumier froid. Comme il contient une grande quantité de semences de mauvaises herbes qui infesteraient les terres arables, il faut le réserver pour les prairies. Le fumier de cheval a une action plus énergique et plus courte que les précédents, c'est ce qu'on appelle un fumier chaud. Il convient aux sols froids, argileux et humides, et pas du tout aux sols sablonneux et calcaires. Cependant, quand on l'entretient constamment humide, en lui donnant plus d'humidité qu'il n'en peut recevoir par les urines de l'animal, il est propre à tous les sols. Le fumier de mouton est un fumier chaud, mais moins chaud que celui de cheval. Comme celui-ci, il convient aux sols froids, argileux et humides, mais seulement pour certaines cultures, telles que le chanvre et le tabac. Il altère la qualité des produits de la vigne.

Urines.—Les litières n'étant généralement pas assez abondantes pour absorber les urines, une grande partie en est bien souvent perdue. Les cultivateurs soigneux recueillent dans des citernes les urines qui n'ont pas été absorbées par les litières, puis les répandent sur les terres, après qu'elles ont subi une certaine fermentation qui leur fait perdre leurs principes corrosifs. On peut aussi faire usage des urines pendant qu'elles sont fraîches, en les étendant de quatre fois leur volume d'eau pour qu'elles ne brûlent pas les plantes, ou en y ajoutant une petite quantité de chaux éteinte. Lorsqu'on répand ces urines sur des terres en jachère, ou qu'on les fait entrer dans des composts, cette addition d'eau ou de chaux éteinte n'est pas nécessaire.

Litières. — Le plus ordinairement, c'est la paille des céréales qu'on met sous les animaux comme litière. Mais souvent on manque de paille : dans ce cas, on peut se servir pour litière d'une foule de plantes ou de débris végétaux qu'il est facile, dans bien des cas, de se procurer avec économie. Tels sont les bruyères, les fougères, les feuilles d'arbres, les genêts, les roseaux, la mousse, les gazons, la tourbe, les ajoncs, etc. La plupart de ces plantes ou de ces débris sont même plus riches en principes azotés et salins que les pailles, et, à ce point de vue, leur sont préférables comme engrais. Dans le midi de la France et dans certains pays, on remplace la paille par de la terre sèche qu'on recouvre chaque jour par une nouvelle couche, et qu'on renouvelle lorsque le tout est suffisamment imprégné. Sur cette terre, une légère couverture de paille est nécessaire pour le maintien de la propreté des animaux.

ADMINISTRATION DU FUMIER. — Dans beaucoup d'exploitations rurales, on enlève tous les jours des étables et des écuries la paille de la litière qui a été salie par les excréments ou mouillée par les urines. On obtient ainsi des fumiers trop pailleux et peu riches, et l'on consomme une énorme quantité de paille. D'autres cultivateurs, donnant dans l'excès contraire, n'enlèvent la litière que lorsque l'on doit la porter aux champs. Cette méthode a des inconvénients considérables : elle exige des étables trop spacieuses ; elle fait chancir ou

moisir le fumier, à cause des vides qui s'y trouvent,
ce qui en diminue beaucoup la valeur; enfin, elle détermine, dans l'étable ou l'écurie, une élévation trop
considérable de température. Entre ces deux extrêmes,
il y a un moyen terme : c'est d'enlever la litière tous
les huit ou douze jours, et d'en mettre de la fraîche
sur l'ancienne, tous les deux ou trois jours. On met
pendant quelque temps les litières en tas, au côté des
étables, pour qu'une légère fermentation amollisse et
aplatisse toutes les pailles, donne à celles-ci une couleur brune, un aspect gras et rende les parties homogènes. Cette espèce de macération n'exigeant la conservation en tas que de six semaines à trois mois,
selon la saison, on obtient ainsi ce qu'on peut appeler
le fumier *normal* qui est intermédiaire entre le fumier *long* et le fumier *court*. On appelle *fumier long,
fumier frais, fumier pailleux,* le fumier qu'on sort des
étables pour l'employer aussitôt sans le laisser fermen-
ter ; et *fumier court* ou *fumier gras,* celui qu'on a
enlevé et conservé jusqu'à ce qu'il ait éprouvé une
fermentation profonde qui l'a converti en une espèce de terreau. Le fumier long ou fumier frais a une
action plus longue et plus durable sur la végétation
que le fumier court, qui a sur les plantes une action
instantanée, mais peu durable. Le fumier, à l'état de
fumier normal, a, à la fois, la rapidité et la durée
d'action convenables. Pour l'amener à cet état, il faut
disposer le tas de fumier de manière à ne rien perdre
des produits utiles, et à pouvoir diriger la fermentation à son gré. A cet effet, on met les litières en un
tas, sur un espace plat, et de niveau avec le sol envi-
ronnant, mais dont le fond est glaisé. Cet espace pré-

sente une légère pente vers l'un des côtés, de manière que le jus de fumier, le *purin*, puisse couler dans un réservoir placé à la partie la plus basse de l'emplacement. Autour de cet emplacement est pratiquée une rigole qui reçoit les égouts du fumier, et, en dehors de cette rigole, on établit un petit relèvement en terre qui empêche le purin de sortir et les eaux extérieures de s'y mélanger. Dans le réservoir est placée une pompe fixe, en bois, au moyen de laquelle on peut verser le purin, soit sur le tas de fumier pour l'arroser, soit dans des tonneaux pour le conduire sur les prairies. On étale uniformément les litières sur l'emplacement, et on les tasse, afin d'éviter les vides qui donneraient lieu à la moisissure ou au blanc, et de s'opposer à une fermentation trop rapide. On élève verticalement le tas jusqu'à 1 mètre 1/2 à 2 mètres; au delà de cette épaisseur, le chargement des voitures deviendrait difficile ainsi que le placement des litières. Pour éviter que l'ancien fumier ne se trouve toujours enfoui sous le nouveau, on établit deux ou trois divisions, que l'on charge et que l'on enlève successivement, en ayant soin de donner à ces divisions la même élévation. Le fumier, ainsi disposé, ne tarde pas à s'échauffer et à entrer en fermentation, surtout après un ou deux arrosages, dont le premier doit se faire avec de l'eau pure amenée d'une mare ou d'un puits voisin. Il importe de préserver du soleil et des grandes averses le tas de fumier : en effet, sous l'influence de la chaleur se perd une quantité considérable d'ammoniaque; et par l'action des pluies, les sels ammoniacaux, les matières azotées et les principes minéraux sont entraînés et dispersés. On

peut abriter économiquement le fumier, contre le soleil
et contre les pluies, au moyen d'un simple appentis
en paille ou d'une couverture de bruyères, de feuilles,
de gazon, ou, mieux encore, par une couche de terre
mélangée de plâtre cru en poudre.

EMPLOI DU FUMIER. — Quand on a amené le fumier à
l'état sous lequel il est le plus profitable à la végétation, il faut encore savoir l'employer de manière qu'il
produise la plus grande somme de résultats. Presque
partout, on a la mauvaise habitude de charrier les fumiers trop longtemps à l'avance sur les terres, et de
les laisser ainsi amoncelés, soit en une seule masse,
soit en petits tas, jusqu'à l'époque où on les répand
pour les enfouir avec le dernier labour des semailles.
Rien ne nuit plus au fumier que de rester ainsi exposé
aux influences atmosphériques. Il éprouve, dans les
chaleurs, des pertes énormes en ammoniaque, et dans
les temps pluvieux, en purin. Il faut ne porter le fumier au champ qu'au moment où il y a possibilité de
l'enterrer immédiatement ; on le répand aussitôt, et
également, à la surface, puis on l'enfouit, sans plus
attendre, par un labour léger. Une fois enterré, il ne
perd plus rien. C'est sur le premier labour de jachère
qu'il faut enfouir les fumiers : la terre est ainsi mieux
ameublie, et, par les labours suivants, l'engrais est
réparti bien plus également dans le sol. Il est utile de
donner trois labours successifs, afin que le troisième
recouvre les pailles que le second aurait ramenées à la
surface. On emploie quelquefois les fumiers *en couverture*, notamment pour les grains d'hiver et les prés.
Cette pratique est surtout recommandée pour les sols
légers, sablonneux et calcaires. On répand alors l'en-

grais, soit au moment de la semaille, soit au printemps, sur la récolte en végétation.

Ce n'est pas sur les céréales, mais sur les récoltes
sarclées (pommes de terre, carottes, betteraves, colza,
fèves) qu'il faut appliquer les fumiers, parce que ces
récoltes craignent peu les mauvaises herbes, qu'elles
ne sont pas, comme les céréales, sujettes à verser, et
qu'elles ne donnent de bénéfice que dans les terres
fortement fumées. S'il y a nécessité de fumer les céréales, il faut se servir de fumiers courts, parce que la
putréfaction qu'ils ont subie a fait périr les mauvaises
semences ; mais, alors, pour peu que l'on fume fortement, il y a danger de faire verser les céréales.

Les fumiers ne doivent pas être enfouis trop avant.
La profondeur ordinaire est de 5 à 8 centimètres.

La dose de fumier qu'il convient de donner à un
hectare de terrain, pour le mettre dans de bonnes conditions de culture, dépend de la nature du sol, de la
qualité du fumier et de diverses circonstances. La fumure la plus convenable, dans la majorité des cas,
paraît être de 30,000 kilogrammes par hectare pour la
rotation de trois ans, soit 10,000 kilogrammes par an.

AUTRES ENGRAIS MIXTES : BOUES DES VILLES ; VASES DES
MARAIS, ÉTANGS, ETC. — Outre le fumier de ferme, il
faut mentionner comme engrais mixtes les boues des
villes, les vases des marais, étangs, fossés et rivières.
Les boues des villes sont composées de matières d'origine animale, telles que les vidanges de volaille, les
déchets de plumes, de poils et de cheveux ; de matières
d'origine végétale, telles que les débris de légumes, et
de matières de diverses sortes qui se trouvent dans les
balayures des habitations ; ces boues forment un en-

grais chaud, très-avantageux pour précipiter la végétation des légumes hâtifs. — Au fond des eaux stagnantes, sur les bords des rivières et des ruisseaux, dans
les grands égouts des villes se déposent des vases contenant des substances salines et des débris de plantes et
d'animaux. Ces vases constituent un engrais qui convient particulièrement aux terres fortes. Ce n'est toutefois qu'après un certain temps de conservation en tas, au
contact de l'air, et après avoir fermenté, que ces vases
produisent de bons effets. Fraîches, elles contiennent
un humus acide qui nuirait à la végétation. On répand
cet engrais, avant le premier labour, dans la proportion de 50 à 100 hectolitres par hectare. Il est surtout
convenable pour les prés bas, humides et tourbeux.

IX. — COMPOSTS, ENGRAIS INDUSTRIELS ET ENGRAIS
CHIMIQUES.

COMPOSTS. — On donne le nom de *composts* à des
mélanges artificiels de matières de toutes sortes qu'on
forme, en établissant l'une sur l'autre des couches de
substances de diverses natures, et en s'étudiant à donner à la masse les propriétés convenables au terrain
que l'on veut fumer. Tout peut être utilisé pour suppléer au manque de fumier et former des composts :
le tan, le bois pourri, la sciure de bois, les mauvaises herbes, le marc de raisin, le marc de pommes,
les gazons, les eaux de savon, les eaux des féculeries,
les urines, toutes les terres, toutes les cendres, les débris de démolition, les chiffons, les débris animaux, etc.
La chaux convient pour aider à la désagrégation et
activer la maturité des composts ; mais il faut avoir

soin de ne jamais ajouter de chaux aux matières fécales et aux urines, parce que la chaux chasserait l'ammoniaque.

ENGRAIS JAUFFRET. — L'engrais *Jauffret,* fort en vogue il y a une trentaine d'années, est une espèce de compost destiné surtout à utiliser une foule de mauvaises plantes, plus ou moins ligneuses, qu'on néglige habituellement, telles que genêts, bruyères, orties, ajoncs, roseaux, fougères, menues branches d'arbres.

ENGRAIS INDUSTRIELS. — Aujourd'hui, de grands fabricants mettent entre les mains des agriculteurs des engrais préparés d'après des principes scientifiques, et par l'adjonction de certains produits chimiques. Ces engrais se nomment engrais industriels ; ils portent l'indication de leur richesse en azote, potasse, phosphates, etc.

ENGRAIS CHIMIQUES. — Le chimiste Liebig partant de ce principe, que chaque plante renferme dans ses tissus un mélange salin déterminé, concluait que les cultivateurs devaient employer comme engrais, pour chaque espèce de plante, un mélange salin rigoureusement conforme à celui qui est renfermé dans le tissu de cette plante. Cette théorie, reprise par M. Ville, semble trop absolue à la plupart des agronomes. A leurs yeux, les combinaisons salines, préparées d'après les vues de Liebig et de M. Ville, combinaisons désignées sous le nom d'engrais chimiques, sont d'utiles auxiliaires du fumier de ferme, mais des auxiliaires qui ne peuvent remplacer ce fumier.

X. — VALEUR COMPARÉE DES ENGRAIS.

MM. Boussingault et Payen ont posé le principe suivant :

« Les engrais ont d'autant plus de valeur que la proportion de substance organique azotée est plus forte, que surtout cette proportion domine relativement à celle des matières organiques non azotées, et qu'enfin la décomposition des substances azotées s'opère graduellement et suit le mieux les progrès de la végétation. »

C'est donc l'azote qui est surtout utile, et c'est le dosage de l'azote qui indique la richesse de l'engrais. Par suite, si l'on prend, comme point de comparaison, 100 kilogrammes de bon fumier de ferme, de fumier *normal*, on arrive à établir des nombres qui expriment en kilogrammes les quantités dans lesquelles ces différents engrais peuvent être substitués l'un à l'autre, de manière à produire le même effet que 100 kilogrammes de fumier. Ces nombres sont alors ce qu'on appelle des équivalents. Par exemple, l'équivalent de la paille de pois est 22,340 ; c'est-à-dire que 22 kilogrammes, 340 grammes de paille de pois peuvent remplacer en culture 100 kilogrammes de fumier de ferme, ou ont le même pouvoir fertilisant, ou, pour parler plus exactement, introduisent dans le sol la même quantité d'azote.

Cependant, tout en admettant, ce qui est incontestable, que la valeur d'un engrais varie en proportion de la quantité d'azote qu'il renferme, il ne faut pas mettre en doute la part considérable que prennent à l'acte de la végétation les substances minérales contenues dans les engrais.

CHAPITRE III.

CLIMATS, SAISONS, ET LEURS RAPPORTS AVEC LA CULTURE.

Sommaire. — I. *Climats.* — Division de la terre en cinq zones. — Climats en général; causes diverses qui modifient la température d'un lieu. — Diverses espèces de climats. — Lignes isothermes, isothères, isochimènes. — Climat de l'Europe. — Climat de la France. — Division de la France en cinq régions climatériques. — Les quatre zones agricoles de la France. — Régions agricoles de la France. — II. *Saisons.* — Les quatre saisons de l'année. — Travaux agricoles de chacune des quatre saisons.

I. — CLIMATS.

DIVISION DE LA TERRE EN CINQ ZONES. — Le globe terrestre est divisé en cinq zones : 1° la zone torride, qui s'étend entre le tropique du Cancer (23° 28' au nord de l'équateur) et le tropique du Capricorne (23° 28' au sud de l'équateur); 2° la zone tempérée méridionale, qui s'étend entre le tropique du Cancer (23° 28' au nord de l'équateur) et le cercle polaire boréal (23° 28' du pôle boréal); 3° la zone tempérée méridionale, qui s'étend entre le tropique du Capricorne (23° 28' au sud de l'équateur) et le cercle polaire austral (23° 28' du pôle austral); 4° la zone glaciale boréale, qui s'étend du pôle boréal au cercle polaire boréal (23° 28' du pôle boréal); 5° la zone glaciale australe, qui s'étend du pôle austral au cercle polaire austral (23° 28' du pôle austral). La zone torride renferme les 398 millièmes de la surface de la terre ; les deux zones tempérées, prises ensemble, renferment les 520 millièmes de cette surface ; et les deux zones glaciales, prises ensemble, renferment les 82 millièmes de cette surface.

Dans la zone torride, le soleil, à l'heure de midi, est presque toujours au point le plus élevé du ciel ; de là la haute température des contrées intertropicales. Les nuits et les jours ayant une durée presque toujours égale, la température varie peu, et il n'y a, pour ainsi dire, qu'une saison, l'été. Les arbres n'y perdent jamais leur verdure ; la végétation, quand il y a de l'humidité, est luxuriante ; les fleurs, aux couleurs éclatantes, y poussent à profusion. C'est la patrie des oiseaux au brillant plumage ; mais c'est là aussi que vivent les grands animaux sauvages : l'éléphant, le rhinocéros, l'hippopotame, le tigre, les monstrueux reptiles, les insectes redoutables. L'homme, dominé par un climat énervant, y est généralement misérable. Dans les deux zones tempérées, les rayons du soleil n'arrivent au sol qu'obliquement, surtout en hiver ; aussi la température est-elle plus douce ; elle est aussi plus variable, à cause de cette obliquité plus ou moins grande des rayons solaires, et aussi à cause de l'inégalité des jours et des nuits. Les zones tempérées, moins riches que la zone torride, donnent les productions les plus utiles à l'homme : les céréales, la vigne, etc. Dans les deux zones glaciales, l'action du soleil, même dans la partie de l'année où il éclaire ces régions, est beaucoup moins sensible en général ; quand l'hiver, quand la nuit sont arrivés, le froid devient excessif, la mer se gèle à une grande profondeur. La végétation s'étiole, diminue, disparaît ; les maigres buissons de

saules, de bouleaux cessent de traîner languissamment
à terre ; puis les herbes, les mousses, les lichens ; enfin, il n'y a plus que de la neige et de la glace qui recouvrent la terre.

CLIMATS EN GÉNÉRAL ; CAUSES DIVERSES QUI MODIFIENT LA
TEMPÉRATURE D'UN LIEU. — Les zones géographiques,
d'après ce que nous venons de dire, se déterminent
uniquement eu égard à la latitude. Il en était de même,
autrefois, des climats. Les anciens géographes enten-
daient par climat un certain espace compris entre deux
cercles parallèles à l'équateur. Mais cette notion du
climat s'est modifiée. On entend aujourd'hui par climat
une étendue de pays dans laquelle la température et
les autres conditions atmosphériques sont à peu près
identiques. La température n'est pas la même pour
tous les lieux situés sur une même latitude. Différentes
causes, en effet, tendent à la modifier, à savoir : l'altitude du lieu, l'exposition générale du pays, le voisinage des montagnes, le voisinage de la mer, la nature
du sol, l'influence des vents. Un mot sur chacune de
ces causes.

Altitude du lieu. — L'altitude du lieu amène de
notables changements dans la température. La chaleur
décroît de 1 degré par 187 mètres d'altitude, et on
arrive progressivement des régions les plus chaudes,
au pied d'une montagne, jusqu'aux régions des neiges
perpétuelles vers les sommets ; à 4,000 mètres d'altitude, dans les Andes du Pérou, sous l'équateur, la
température moyenne de l'année est la même qu'à
Saint-Pétersbourg, vers 60 degrés de latitude nord ; la
chaleur est grande, dans la vallée de Prades, au pied

du Canigou (en France), dont le sommet a une température hivernale.

Exposition générale du pays. — L'exposition générale d'un pays a une assez grande influence sur la température ; ainsi, la France occidentale, exposée à l'ouest, est relativement plus chaude que la côte orientale des États-Unis, exposée à l'est. Il peut se faire que l'exposition locale diffère de l'exposition régionale, et alors la température locale diffère de la température régionale ; ainsi, la vallée de l'Allier, en France, est exposée au nord, et plus froide que la vallée de la Saône, exposée au sud.

Voisinage des montagnes. — Les montagnes qui attirent les nuages et les convertissent en brouillards, en pluie, sont une grande cause du développement de l'humidité. Elles arrêtent les vents, et déterminent par là des variations considérables dans la température. Ainsi, les Alpes protégent l'Italie contre les vents du nord et du nord-est ; mais la Russie centrale et la Russie méridionale, quoique ayant l'exposition au sud, ne sont garanties par aucune élévation suffisante contre les vents glacés du nord ; la Sibérie, qui est tout entière exposée au nord, sans aucune barrière, a l'un des climats les plus froids du globe. Dans les vallées étroites, profondes, l'air ne circule pas ; les brouillards y sont perpétuels ; la chaleur peut y devenir insupportable ; c'est une cause d'insalubrité.

Voisinage de la mer. — Le voisinage de la mer modère les températures excessives ; les côtes et les îles sont moins froides que les continents ; et, dans les pays les plus chauds, la brise de mer rafraîchit agréablement les terres voisines. Les courants chauds ou froids qui parcourent les océans élèvent ou abaissent la température.

Nature du sol. — Tous les terrains ne s'échauffent pas, ne se refroidissent pas avec la même vitesse. Les terrains argileux diminuent la chaleur de l'air ambiant ; les terrains marécageux là diminuent également et, de plus, sont malsains, comme la Hollande, la côte orientale de l'Afrique ; au contraire, les sables secs, comme dans le Sahara et l'Arabie, échauffent beaucoup la température.

Influence des vents. — L'influence des vents sur la chaleur n'est pas à démontrer. Ainsi, l'Europe du sud-ouest est échauffée par les vents qui viennent de l'Afrique, tandis que le nord-est de l'Asie, exposé aux vents qui soufflent de l'Océan glacial, éprouve des froids extrêmes.

DIVERSES ESPÈCES DE CLIMATS. — Il y a plusieurs espèces de climats : le climat chaud et sec, comme dans le Sahara et l'Arabie ; le climat chaud et humide, comme dans le Bengale, sur les côtes du Zanguebar, à la Guyane, etc.; le climat froid et sec, comme dans les meilleures régions de l'Europe, de l'Asie, des États-Unis ; le climat froid et humide, comme dans la Sibérie et l'Amérique anglaise. On appelle climats tempérés ceux dans lesquels le chaud, le froid, l'humidité, la sécheresse se succèdent et se mélangent heureusement.

Les surfaces liquides s'échauffent et se refroidissent plus lentement que les masses solides ; de là, la différence entre les *climats maritimes* et les *climats continentaux* : les premiers sont plus constants, les seconds varient souvent beaucoup ; ainsi, il y a certaines parties des continents où les variations du thermomètre

atteignent 70 degrés ; on dit alors que le climat est
excessif ; quelquefois, le climat est tout à fait constant,
comme à Madère ; le climat est *variable*, lorsqu'il y a
des changements brusques de température.

LIGNES ISOTHERMES, ISOTHÈRES, ISOCHIMÈNES. — Par une
série d'observations, on arrive à constater la température moyenne des différents lieux pendant l'année. En
joignant, par des lignes, les points qui ont la même
température moyenne *pendant l'année*, on a des *lignes
isothermes* ; en joignant, par des lignes, les points qui
ont la même température moyenne *pendant l'été*, on
a des *lignes isothères* ; en joignant, par des lignes, les
points qui ont la même température moyenne *pendant
l'hiver*, on a des *lignes isochimènes*.

On peut considérer les lignes isothermes comme les
limites des principales cultures. Le bananier s'arrête
à 24 degrés de chaleur, la canne à sucre à 20 degrés,
l'oranger à 17 degrés, l'olivier à 14 degrés, la vigne à
10 degrés ; mais, quelle que soit la chaleur moyenne
de l'année, les plantes qui craignent les gelées, comme
les oliviers, ne pousseront pas là où les hivers sont
rigoureux ; pour que la vigne produise du vin potable,
il ne suffit pas qu'il y ait une chaleur moyenne de
10 degrés ; il faut encore que la température moyenne
de l'hiver dépasse 0 degré, et que celle de l'été soit au
moins de 18 degrés. D'un autre côté, nos céréales
cessent de fructifier lorsque la température moyenne
de l'année dépasse 19 degrés, mais on peut les cultiver
quelle que soit la rigueur de l'hiver.

CLIMAT DE L'EUROPE. — L'Europe, sauf l'extrémité septentrionale de la Norwége, de la Suède et de la Russie,
est tout entière dans la zone tempérée. Si le climat va-

riait seulement suivant la latitude, la chaleur diminue-
rait progressivement des bords de la Méditerranée à
ceux de l'Océan glacial ; mais trois grandes causes phy-
siques modifient d'une manière considérable les rela-
tions du climat avec la latitude.

1° L'air glacial de la Sibérie et des steppes de l'Asie
orientale, surtout pendant que soufflent les vents du
nord-est et du nord, se fait sentir dans toute la partie
des plaines de l'Europe qui n'est pas préservée par des
montagnes : en Russie, en Suède, dans tout le nord de
l'Allemagne, en Hollande, en Belgique et même dans
les plaines de France, au nord et au nord-ouest. La
Grèce, quoique protégée, en partie, par la chaîne des
Balkans, éprouve quelque atteinte des vents glacés du
nord-est. La Bohême, la Hongrie, l'Italie, la côte occidentale de Norwége sont défendues par des montagnes,
et ont relativement une température plus chaude que
les régions situées à la même latitude.

2° L'Afrique, et surtout les climats brûlants du Sahara sont, au contraire, un foyer de chaleur. Les vents
du sud et du sud-est réchauffent les rivages de l'Europe méridionale; mais leur chaleur desséchante est
tempérée par la chaîne de l'Atlas et par la Méditerranée, tandis que l'Espagne, plus rapprochée de
l'Afrique, en reçoit le vent brûlant et malsain, le *so-
lano*, partout où elle n'est pas abritée par de hautes
montagnes.

3° Le voisinage de l'océan Atlantique et surtout l'influence du grand courant d'eau chaude ou *Gulf-Stream*,
réchauffent toute la partie occidentale de l'Europe.
Tandis qu'à latitudes égales Terre-Neuve est environ-
née de glaces et que le Labrador est condamné à la

stérilité, l'Irlande, la presqu'île de Cornouailles, celle de Bretagne jouissent d'un climat humide et tempéré; les golfes de Norwége sont presque ouverts, tandis que la côte opposée du Groënland est presque inaccessible.

CLIMAT DE LA FRANCE. — La France est tout entière dans la région tempérée. Aussi la température moyenne de l'année, en ne tenant pas compte des hautes montagnes et du plateau central de l'Auvergne, varie de 15 degrés à 10 degrés ; elle est d'un peu plus de 12 degrés en suivant une ligne qui passe par Saint-Brieuc, Poitiers, Guéret, Nevers, Semur, Dijon, Lons-le-Saulnier, Chambéry. En 1709 et en 1795, le froid est descendu à Paris à 23 degrés au-dessous de zéro. En 1793, le thermomètre a marqué, à Paris, 38 degrés au-dessus de zéro.

DIVISION DE LA FRANCE EN CINQ RÉGIONS CLIMATÉRIQUES. — On s'accorde à reconnaître, en France, cinq régions climatériques : le climat vosgien ou australien, le climat séquanien, le climat girondin, le climat rhodanien, le climat méditerranéen ou provençal.

1° Le climat vosgien ou australien a son centre dans le groupe montagneux des Vosges, et s'étend dans la vallée du Rhin, jusqu'en Suisse et en Savoie, vers les monts Faucilles, le plateau de Langres, les Ardennes. Les hivers y sont plus rigoureux et plus longs; la neige y est plus abondante, mais les étés sont plus chauds; le pays est ouvert aux vents glacés du nord-est ; les orages d'été y sont plus fréquents. Cette alternative de froids vifs et de chaleurs, nuisible aux arbres délicats, est favorable aux forêts et aux herbages. L'été et l'automne sont les belles saisons. Dans la Champagne, le climat devient plus uniforme et se rapproche du climat séquanien; dans le Jura méridional, il se rapproche du climat rhodanien.

2° Le climat séquanien (de l'ancien nom de la Seine, *Sequana*), comprend le nord et le nord-ouest de la France, du plateau de Langres à la mer, de la Loire depuis Tours et Nevers jusqu'au Rhin inférieur. Cette région a un climat adouci et rendu plus uniforme par l'influence de la mer et du grand courant d'eau chaude ou *Gulf-Stream*. Les hivers et les étés y sont plus doux à mesure qu'on se rapproche de la Manche et de l'Océan atlantique. Le vent du sud-ouest y domine et y verse des pluies abondantes (140 jours en moyenne par an et 152 pour le rivage de l'Atlantique). Il y a 90 à 100 centimètres de pluie par an, à l'est de la Bretagne ; 80 sur les bords de la Manche, 67 aux environs de Paris. Aussi les céréales, les herbages, les arbres, y réussissent mieux que la vigne, qui a besoin de fortes chaleurs pendant l'été, et qui souffre des pluies d'automne. L'automne est habituellement la plus belle saison. Les presqu'îles de Bretagne et du Cotentin ont presque un climat insulaire, c'est-à-dire beaucoup d'humidité. Plusieurs en font un climat particulier, le climat armoricain, d'une température plus égale, mais plus triste. Aussi plusieurs espèces d'arbres du Midi y vivent en pleine terre, le grenadier, l'aloès, le magnolia, le camellia. La température de Brest et de Vannes est d'environ 12 degrés ; celle de Paris, d'un peu plus de 10 degrés et demi.

3° Le climat girondin s'étend depuis la Loire et le Cher jusqu'aux Pyrénées, de la chaîne des Cévennes, ou plutôt du plateau central à la mer. Les hivers ne sont pas beaucoup plus doux que dans le climat précédent, ce qui ne permet pas la culture des oliviers, mais la chaleur est plus grande pendant l'été. Il y a des variations de température plus sensibles, suivant la latitude, l'éloignement plus ou moins grand de la mer, le voisinage des montagnes. Les pluies, sans être aussi fréquentes que dans le nord, aussi violentes que dans le climat rhodanien, sont aussi abondantes et donnent 67 centimètres par an. Le vent du nord-ouest ou *galerne* est violent. La température moyenne de Bordeaux est de 13 degrés. Aussi ce climat, favorable à toutes les cultures, est-il particulièrement propre à la vigne.

4° Le climat rhodanien (de l'ancien nom du Rhône, *Rhodanus*) comprend les vallées de la Saône, du Rhône et de l'Isère, depuis les Vosges jusque vers Montélimar et Digne, des Cévennes aux Alpes. C'est un climat continental, sans que les hivers y soient aussi rigoureux que dans le climat vosgien, les étés aussi brûlants qu'en Provence. La température moyenne est de 12 degrés. Mais la longue vallée de la Saône et du Rhône est exposée tantôt au vent glacial du nord ou *bise*, tantôt au vent desséchant du midi ou *sirocco*, aussi les variations de température sont-elles grandes. Les pluies y sont abondantes et prolongées, aussi il y a souvent des inondations terribles; elles versent 91 centimètres d'eau par an. Le climat est favorable aux vignes et aux arbres fruitiers sur les collines, aux mûriers dans les plaines, et sur les flancs des montagnes aux pâturages et aux forêts.

5° Le climat méditerranéen ou provençal comprend les pays voisins de la Méditerranée jusqu'aux Cévennes et jusqu'à une ligne passant par Privas, Montélimar,

Digne, pour rejoindre les Alpes. La température moyenne atteint presque 15 degrés ; les étés sont plus chauds, les hivers plus tièdes, à cause du voisinage de la mer. Les jours de pluie y sont beaucoup moins fréquents (56 par an), mais l'eau tombe en grande abondance, surtout par les orages d'automne, et donne 65 à 66 centimètres par an. Le climat est favorable aux productions qui ont besoin de chaleur, maïs, vigne, mûrier, olivier, figuier, amandier, grenadier et même oranger. Le climat serait toujours sain et agréable sans le mistral, vent du nord-ouest, qui souffle parfois avec la violence la plus désastreuse, surtout à l'ouest de Toulon, et sans le sirocco, vent du sud, qui, même affaibli en passant au-dessus de la Méditerranée, apporte du Sahara la sécheresse et des chaleurs étouffantes. Une partie de la région est abritée des vents du nord par les Cévennes méridionales.

En dehors de ces cinq climats principaux, il faut remarquer que les hautes montagnes, Vosges, Cévennes, monts d'Auvergne, à l'intérieur, Alpes et Pyrénées, sur les frontières, ont un climat exceptionnel, à cause de l'altitude. Les hivers y sont très-froids, et la chaleur est extrême dans les gorges fermées au souffle de l'air.

LES QUATRE ZONES AGRICOLES DE LA FRANCE. — Au point de vue de l'espèce végétale le plus particulièrement cultivée dans chacune des parties du pays, on distingue en France quatre *zones agricoles*, la zone des oliviers, la zone du maïs, la zone de la vigne, la zone du pommier.

1° La zone des oliviers coïncide presque exactement avec le climat méditerranéen ; elle a pour limite septentrionale une ligne qui part de la source de l'Ariége et passe au nord de Carcassonne, d'Orange et de Digne. Elle renferme la petite zone de l'oranger, bornée au littoral du Var et de la Méditerranée.

2° La zone du maïs est à peu près limitée, au nord, par une ligne tirée de l'embouchure de la Charente aux Vosges, passant par Châteauroux, Bourges, Auxerre, Chaumont, Nancy. Elle renferme la zone secondaire du mûrier, comprenant le bassin de la Saône et du Rhône au sud de Mâcon, le bassin supérieur du Lot et du Tarn jusqu'à Cahors, Montauban, Toulouse.

3° La zone de la vigne a pour limite septentrionale, une ligne allant de l'embouchure de la Loire aux sources de l'Oise et à Mézières, en passant par Angers, le Mans, Paris, Laon.

4° La zone du pommier, des céréales et des pâturages, est au nord de la précédente (1).

Régions agricoles de la France. — En se plaçant, non plus au point de vue d'une espèce végétale plus particulièrement cultivée, mais au point de vue de la situation géographique du climat et de l'ensemble des productions, on a souvent divisé la France en régions agricoles. Nous renvoyons sur ce point au chapitre XI et dernier: *Débouchés des principaux produits agricoles de la région.*

II. — SAISONS.

Les quatre saisons de l'année. — La température et les autres conditions atmosphériques qui constituent

_____

(1) Grégoire, *Géographie générale.*

chaque climat éprouvent, dans le cours de l'année, des variations périodiques dues aux positions différentes de la terre par rapport au soleil.

La terre, comme les autres planètes, tourne autour du soleil, d'occident en orient, dans l'espace d'environ 365 jours et 6 heures. Deux fois, pendant le cours de l'année, le 20 ou le 21 mars, et le 22 ou 23 septembre, les rayons solaires tombent perpendiculairement sur l'équateur terrestre. Il y a alors douze heures de jour et douze heures de nuit pour toute la surface terrestre. Ces deux époques de l'année sont les deux équinoxes: équinoxe de printemps le 20 ou 21 mars, équinoxe d'automne le 22 ou 23 septembre. Le mot *équinoxe* vient du latin *æquinoctium*, mot formé lui-même de *æquus*, égal, et de *nox*, nuit, et signifie *égalité des nuits*. Les nuits ont, en effet; à l'équinoxe du printemps et à l'équinoxe d'automne une durée égale par toute la terre. — Le 20 ou le 21 juin, les rayons solaires tombent perpendiculairement sur le tropique du Cancer, à une distance de 23°, 28' au nord de l'équateur. C'est alors le plus long jour, et par suite, la nuit la plus courte pour notre hémisphère. Cette époque de l'année est ce que l'on nomme le solstice d'été. Le 21 ou le 22 décembre, les rayons solaires tombent perpendiculairement sur le tropique du Capricorne, à une distance de 23°, 28' au sud de l'équateur. C'est le jour le plus court, et par suite la nuit la plus longue pour notre hémisphère. Cette époque de l'année est ce que l'on nomme le solstice d'hiver. Le mot solstice vient du latin *solsticium*, mot formé lui-même de *sol*, soleil, et *stare*, s'arrêter. C'est qu'en effet, dans le mouvement apparent du soleil autour de la terre, cet astre, arrivé à son plus grand éloignement de l'équateur, c'est-à-dire à l'un des tropiques, semble pendant quelque temps y être stationnaire, puis rétrogader vers l'équateur.

Les deux équinoxes et les deux solstices déterminent les quatre saisons de l'année, à savoir : 1° le printemps, de l'équinoxe de printemps (20 ou 21 mars) au solstice d'été (20 au 21 juin); 2° l'été, du solstice d'été (20 ou 21 juin) à l'équinoxe d'automne (22 ou 23 septembre); 3° l'automne, de l'équinoxe d'automne (22 ou 23 septembre) au solstice d'hiver (21 ou 22 décembre); 4° l'hiver, du solstice d'hiver (21 ou 22 décembre) à l'équinoxe de printemps (20 ou 21 mars).

Telles sont les saisons, au point de vue astronomique; au point de vue météréologique (c'est-à-dire au point de vue des variations de l'atmosphère), et au point de vue agricole, la division de l'année en quatre saisons se modifie ainsi : 1° le printemps, comprenant les mois de mars, avril et mai ; 2° l'été, comprenant les mois de juin, juillet et août; 3° l'automne, comprenant les. mois de septembre, octobre et novembre; 4° l'hiver, comprenant les mois de décembre, janvier et février.

Travaux agricoles des saisons. —- Voici la nomenclature des principaux travaux agricoles à effectuer dans l'ordre des quatre saisons et des douze mois de l'année (1) :

Mars. —- Labours ; fumures ; hersages ; semailles de printemps.

Avril. — Fin des semailles de printemps ; hersages

---

(1) Boursin, *Agriculture.*

et roulages des sols ensemencés ; sarclages ; binages.

Mai. — Continuation des binages ; fumures et labour des jachères ; repiquage de la betterave ; repiquage du tabac ; derniers semis de colza, de lin et de chanvre.

Juin. — Buttage des pommes de terre ; sarclage des avoines de printemps ; transport du fumier sur les jachères ; second labour aux orges.

Juillet. — Labour, fumure, hersage des jachères ; brûlis des herbes et racines découvertes par le hersage ; sarclages ; binages ; semailles de navet, sarrasin, trèfle ; fauchagage et fanage des foins ; commencement des moissons.

Août. — Continuation des moissons ; mise à l'abri des foins et des moissons ; dernier labour aux jachères pour blé et aux terres pour fève et féverolle ; semailles de colza, navet, trèfle, navette, etc.

Septembre. — Préparation du sol pour les semailles d'automne par les engrais et les labours ; plantation du colza ; fauchage et fanage des regains ; commencement des vendanges.

Octobre. — Vendanges ; premières semailles d'automne.

Novembre. — Dernières semailles d'automne ; commencement des labours pour les semailles de printemps.

Décembre. — Transport des marnes et fumiers ; taille de la vigne ; travaux intérieurs.

Janvier. — Premiers labours ; transport des marnes et fumiers ; curage des fossés.

Février. — Labours ; fumures ; hersage des terres ensemencées avant l'hiver ; commencement des semailles de printemps.

CHAPITRE IV.

MOYENS D'UTILISER LES EAUX OU DE S'EN PRÉSERVER.

SOMMAIRE. — I. *Arrosement des terrains secs.* — Trois modes d'arrosement : par irrigation, par submersion, par infiltration. - II. *Desséchement des marais.* — III. *Desséchement des terrains humides autres que les marais proprement dits.* — Égouttement par des fossés ou tranchées ouvertes. — Drainage.

I. — ARROSEMENT DES TERRAINS SECS.

TROIS MODES D'ARROSEMENT. — L'excessive humidité et le manque d'humidité sont également nuisibles aux terrains. Il faut donc utiliser les eaux pour arroser les terrains trop secs et chasser l'excès d'eau des terrains trop humides. Parlons d'abord de l'arrosement des terrains trop secs. Cet arrosement s'opère de trois manières : par irrigation, par submersion ou inondation et par infiltration.

ARROSEMENT PAR IRRIGATION. — L'arrosement par irrigation consiste à amener à la surface du sol, et au moyen de canaux, des eaux qui s'écoulent facilement et ne séjournent jamais dans les bas-fonds. Le terrain à irriguer doit être préalablement amené à présenter une pente ou des pentes convenables. Si naturellement le terrain présente une pente prononcée, on en profite en la régularisant ; si le terrain est horizontal ou qu'il ne présente pas une pente unique et prononcée, on le dispose de manière à ce qu'il présente des planches avec double pente, et pour chaque planche on établit une pente dont le point le plus élevé doit être au niveau même du point où les eaux arrivent sur le terrain. Ces eaux sont amenées d'un cours d'eau voisin sur le terrain, par un *canal de dérivation*. La prise d'eau s'opère au moyen d'un barrage auquel on donne une hauteur suffisante pour que le point où s'effectue la prise d'eau soit plus élevé que le point d'arrivée des eaux sur le terrain. Le canal de dérivation prend son origine au-dessus du point où est établi le barrage et aboutit au haut du terrain à irriguer. De là partent les rigoles principales, et de celles-ci les rigoles secondaires qui déversent les eaux sur le sol. Ces rigoles, principales ou secondaires, diminuent de largeur à mesure qu'elles s'éloignent du canal de dérivation. Comme les eaux ne doivent pas séjourner sur le terrain, où elles favoriseraient le développement des mauvaises herbes, elles sont recueillies dans des *rigoles d'écoulement*, qui les reportent au cours d'eau d'où elles proviennent. Une vanne principale existe sur les cours d'eau à l'origine du canal de dérivation, et d'autres petites vannes existent aussi sur le cours d'eau à l'embouchure des rigoles d'écoulement. On lève la vanne principale et les petites vannes pendant l'arrosement ; on baisse la vanne principale, puis les petites vannes, quand l'opération est terminée. L'arrosement doit être répété à plusieurs époques de l'année et durer de deux à huit jours. C'est surtout pendant l'été qu'il faut l'exécuter, et cela, le matin ou le soir, plutôt que dans la chaleur du jour.

ARROSEMENT PAR SUBMERSION OU INONDATION. — L'arrosement par submersion consiste à couvrir d'eau le terrain dans toute son étendue, en l'entourant de petites digues. Il ne faut qu'un canal de dérivation conduisant d'un cours d'eau au terrain qu'on veut inonder ; il n'est pas besoin de rigoles. Ce mode d'arrosement, appelé quelquefois colmatage, a surtout pour objet d'exhausser le sol au moyen des limons que les eaux laissent en se retirant.

ARROSEMENT PAR INFILTRATION. — L'arrosement par infiltration consiste à amener l'eau d'un cours d'eau par un canal de dérivation qui se déverse dans des rigoles principales et dans des rigoles secondaires, comme dans l'arrosement par irrigation. Mais ni les rigoles principales ni les rigoles secondaires ne laissent passer l'eau au-dessus de leurs bords, et il n'y a pas de rigoles d'écoulement. Cette eau, n'ayant aucune issue, s'infiltre dans les terres.

II. — DESSÉCHEMENT DES MARAIS.

Le desséchement des marais pourrait, dans tous les cas, s'opérer en exhaussant le sol par des remblais ; mais ce procédé est la plupart du temps inapplicable comme trop coûteux, et l'on a recours à des moyens qui diffèrent suivant les causes mêmes qui ont rendu les terrains marécageux.

1° Si le marais est produit par l'imperméabilité des couches inférieures du sol qui ne laissent pas d'issue aux eaux, on pratique dans le marais plusieurs fossés, et dans ces fossés, on perce des trous de sonde qui font arriver les eaux à la surface ; puis, pour se débarrasser de ces eaux, on pratique un canal qui les déverse dans un cours d'eau ; si le niveau du sol ne se prête pas à ce déversement, on se débarrasse des eaux au moyen d'un puits absorbant placé au point le plus bas du terrain marécageux.

2° Si le marais est produit par la position du sol qui le constitue, ce qui arrive quand ce sol, d'ailleurs peu perméable, est entouré de tous côtés par un sol plus élevé, ou bien quand ce sol est à un niveau inférieur à celui d'un cours d'eau voisin, on construit une digue pour le défendre des eaux qui viennent s'y déverser, puis au point le plus bas, on établit un puits absorbant.

III. — DESSÉCHEMENT DES TERRAINS HUMIDES.

Il y a utilité à dessécher non-seulement les marais, mais tous les terrains par trop humides. Indépendamment de l'exhaussement du sol par des remblais, exhaussement la plupart du temps inapplicable comme trop coûteux, les procédés qu'on emploie pour dessécher les terrains humides sont l'égouttement par tranchées ouvertes et le drainage.

ÉGOUTTEMENT PAR TRANCHÉES OUVERTES. — Pour égoutter un terrain par des tranchées ouvertes, on le met, au moyen de fossés, à l'abri des eaux provenant des propriétés riveraines, puis, dans le sens de la pente du terrain, on relie ces fossés par des rigoles. De la sorte, les eaux se déversant dans le fossé inférieur, on s'en débarrasse, s'il est possible, en faisant communiquer ce fossé avec un cours d'eau. Si la chose n'est pas possible, soit qu'il n'y ait pas de cours d'eau dans le voisinage, soit qu'on ne puisse établir de communication avec les cours d'eau existants, on a recours à un puits absorbant.

Du drainage. — Le drainage consiste à égoutter un terrain humide au moyen de tranchées ouvertes appelées drains (de l'anglais *drain*, rigole). Les tranchées sont disposées parallèlement dans le sens de la pente naturelle du terrain, et espacées plus ou moins l'une de l'autre suivant que le sol est plus ou moins humide. On leur donne la profondeur nécessaire pour qu'elles pénètrent jusqu'à la couche où s'accumulent les eaux, profondeur qui varie entre 0^m,80 et 1^m,60. On les creuse aussi étroites que possible, en faisant toutefois la partie supérieure plus large que le fond. On commence par la partie la plus basse du terrain, afin de n'être pas arrêté par les eaux qui pourraient couler de la partie supérieure. Chaque tranchée doit former une ligne parfaitement droite, pour que rien ne mette obstacle à l'écoulement rapide des eaux, et avoir une pente uniforme d'au moins 50 centimètres par 100 mètres. Le creusage s'opère à la bêche, ou à la pioche, si le sol est entamé difficilement à la bêche. Pour couvrir la tranchée, tout en assurant aux eaux un passage rapide et toujours libre, on a recours à divers procédés :

1° La tranchée étant creusée, comme nous l'avons dit, en s'évasant vers la partie supérieure, on arrête l'évasement à environ 50 centimètres du fond, et on va en rétrécissant de manière à rapprocher par le haut les deux faces de la tranchée. Ce rétrécissement permet de couvrir la tranchée d'un gazon, placé l'herbe en dessous, puis on recouvre de terre jusqu'au niveau du sol. On obtient ainsi un conduit souterrain, peu coûteux, mais qui ne dure qu'une quinzaine d'années.

2° Sur deux supports disposés en forme d'X, au fond de la tranchée, on place des fagots d'épines, puis on recouvre de gazon renversé et de terre. On obtient un conduit souterrain, un peu plus coûteux, mais plus durable que le précédent.

3° Avec de grandes pierres plates convenablement placées, on forme un conduit dans le fond de la tranchée, on recouvre le conduit de cailloux, puis on recouvre les cailloux de gazon et de terre. Ce travail, plus coûteux que les précédents, est d'une durée presque indéfinie.

4° A des tuiles plates placées dans le fond de la tranchée s'adaptent des tuiles creuses un peu moins longues et moins larges. On recouvre de gazon et de terre, et l'on obtient un conduit couvert d'environ 8 décimètres de largeur à la base, et dans lequel l'eau s'introduit par les intervalles de jonction. La tuile creuse se nomme *tuile à drain* ; la tuile plate est la *semelle*.

5° Enfin aujourd'hui, on se sert presque partout de tuyaux cylindriques en terre cuite, appelés *drains* (1), d'un diamètre de 3 à 8 centimètres et d'une longueur de 8 centimètres. Quelques-uns réunissent ces tuyaux avec des manchons également en terre cuite. Le tout est recouvert de gazon et de terre.

Les tranchées couvertes aboutissent, quel que soit le mode de construction, à un fossé ouvert où elles déversent leurs eaux. Ce fossé est mis en communication avec un cours d'eau, ou, en cas d'impossibilité, jette ses eaux dans un puits perdu. D'après la loi

---

(1) Le mot *drain* désigne ainsi soit un tuyau cylindrique en terre cuite, employé à former un conduit couvert, soit le conduit lui-même. Il peut en résulter quelque amphibologie.

du 10 juin 1854, tout propriétaire qui veut assainir son fonds par le drainage a le droit de traverser, moyennant une indemnité, les fonds qui le séparent d'un cours d'eau.

CHAPITRE V.

INSTRUMENTS ET MACHINES AGRICOLES.

SOMMAIRE. — I. *Instruments pour le labour à bras.* — Bêche. — Fourche. — Pic, pioche, houe. — II. *Charrues.* — Charrue simple ou araire. — Charrue composée ou à avant-train. — Charrue polysoc. — Labourage à la vapeur. — III. *Instruments pour les opérations complémentaires du labour.* — Herse. — Rouleau. — Houe à cheval. — Binette. — Serfouette. — Extirpateur. — Scarificateur. — Buttoir. — IV. *Plantoirs et semoirs.* — V. *Instruments pour la fenaison et la moisson.* — Faux. — Fourche. — Râteau. — Râteau à cheval. — Faneuse. — Faucille. — Sape flamande. — Moissonneuse. — VI. *Instruments de l'exploitation intérieure.* — Fléau. — Machine à battre. — Van. — Tarare. — Crible. — Trieur. — Pressoir.

I. — INSTRUMENTS POUR LE LABOUR A BRAS.

Le labour s'opère soit à bras, soit par des instruments traînés par des chevaux et appelés charrues. Les instruments employés dans le labour à bras sont : la bêche, la fourche, le pic, la pioche, la houe pleine et la houe bidentée ou houette.

BÊCHE.— La bêche se compose d'un fer plat, à peu près rectangulaire, tranchant par la partie inférieure, et adapté à un manche de bois. Pour labourer à la

bêche, l'ouvrier fait une tranchée à l'une des extrémités de la pièce de terre, et porte la terre, extraite
de cette tranchée à l'autre extrémité, puis, marchant
à reculons, il coupe la terre en jetant chaque nouvelle
coupe devant lui. En même temps il brise les mottes
et extrait les mauvaises her-
bes. La dernière tranchée est
remplie avec la terre extraite
de la première.

FOURCHE. — La fourche se
compose ordinairement d'un
fer divisé en trois branches
et adapté à un manche de
bois. Il y a aussi des fourches à quatre et cinq branches. On emploie la fourche
au lieu de la bêche, dans les
terrains compactes. Elle sert
aussi à divers autres usages,
particulièrement à répandre les fumiers.

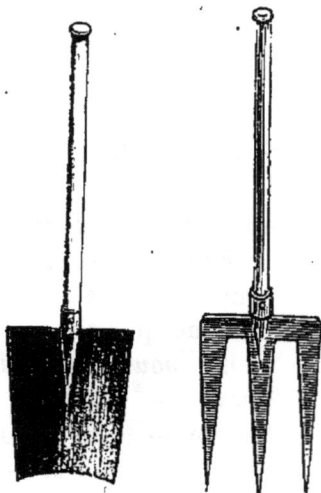

Bêche.   Fourche.

PIC, PIOCHE, HOUE PLEINE, HOUE BIDENTÉE OU HOUETTE.
— Le pic, la pioche et la houe se composent d'un fer
courbé, adapté à un manche de bois. Le fer du pic est
entièrement pointu. Le fer de la pioche n'est pas complétement pointu, mais un peu élargi. Dans la houe
pleine ou houe proprement dite, le fer est plus ou
moins élargi. La houe bidentée ou houette diffère de
la houe pleine en ce qu'elle présente, au lieu d'une
lame tranchante, deux dents ou branches.

 Le pic s'emploie dans les terres pierreuses; la
pioche dans les terres dures, sans être pierreuses;
dans les terres qui ne sont ni pierreuses ni trop dures,

on emploie la houe ou la houette. Le travail au pic, à la pioche, à la houe ou à la houette ne s'effectue pas

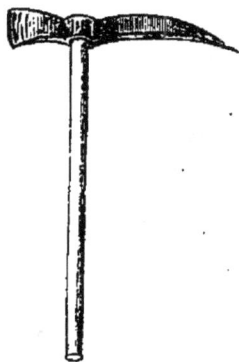
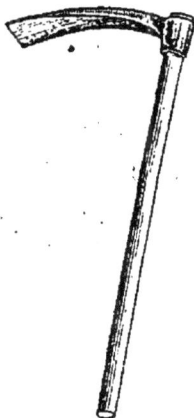

Pic.　　　　　　　Pioche.　　　　　　　Houe pleine.

comme le travail à la bêche ou à la fourche. L'ouvrier ne marche pas à reculons ; il marche devant lui et sur la partie du sol qu'il vient de déplacer.

II. — CHARRUES.

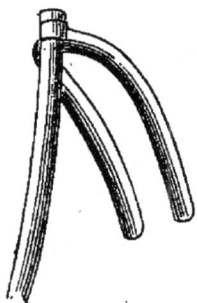

Houe bidentée.

Les charrues peuvent se ramener à trois types : la charrue simple ou araire, la charrue composée ou à avant-train et la charrue polysoc.

CHARRUE SIMPLE OU ARAIRE.— Les figures ci-contre représentent le côté gauche et le côté droit de l'araire de Mathieu de Dombasle.

L'araire se compose des sept pièces suivantes : le coutre, le soc, le sep, le versoir ou oreille, l'age ou la flèche, les manches et le régulateur.

Le coutre (*g*) est une forte lame qui fend verticalement la terre destinée à être coupée horizontalement par le soc. Il ouvre le passage au soc. La pointe du

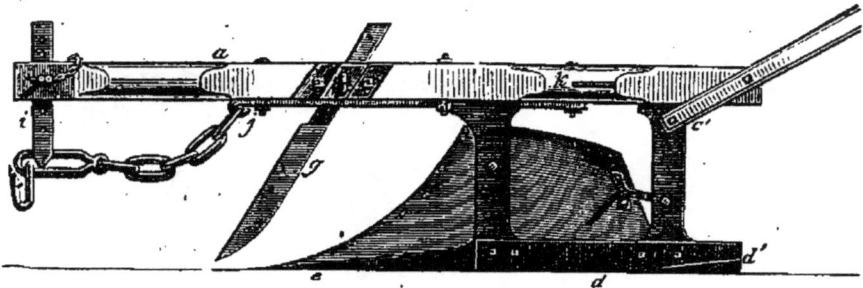

Côté gauche de l'araire de Dombasle.

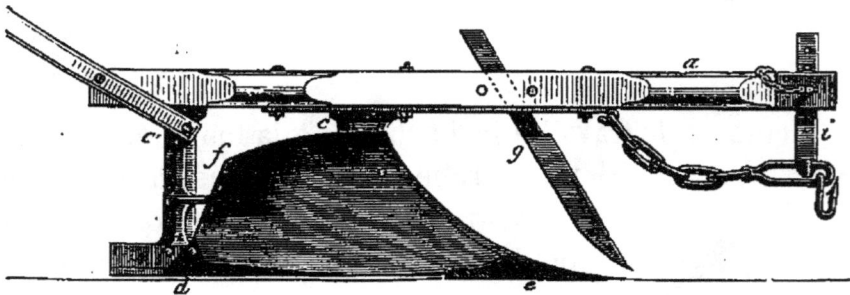

Côté droit de l'araire de Dombasle.

coutre et la pointe du soc sont alignées. — Le soc (*e*) coupe horizontalement et soulève du sol, la tranche qui a déjà été fendue verticalement par le coutre. Il se compose de deux parties, l'*aile*, en forme de triangle rectangle dont un côté est tranchant, et la *douille* qui fixe le soc au corps de l'araire. — Le sep (*d*), en fonte ou en bois, soutient le soc dont il reçoit la douille, reçoit la partie inférieure des deux montants *c* et *c'* appelés étançons, et glisse au fond du sillon. La partie *d'* du soc est le *talon*. — Le versoir ou oreille (*f*), en fonte ou en bois, pousse la terre de côté et la renverse. — L'age ou flèche (*a*) transmet au corps de l'araire le mouvement de progression qui lui est communiqué par l'attelage. — Les manches sont les pièces de bois fixées à l'age et à l'étançon postérieur *c'*, et au moyen desquelles le laboureur maintient la charrue. — Enfin le régulateur (*i*) fixe, suivant les besoins, la profondeur du labour et la largeur des tranches de terre.

Au côté gauche de la charrue se trouve un œillet demi-circulaire *k*, qui sert à fixer l'instrument sur une sorte de traîneau pour le transporter aux champs.

CHARRUE COMPOSÉE OU A AVANT-TRAIN. — Quelque bien construit que soit l'araire, il a des mouvements irréguliers soit de haut en bas, soit de bas en haut, soit latéralement, et c'est le laboureur qui doit le maintenir de manière à lui conserver une bonne direction, ce qui ne laisse pas d'être fatigant. On a imaginé, pour imprimer à l'instrument une impulsion plus régulière, de fixer la partie antérieure de l'age sur un avant-train supporté par des roues. La charrue à avant-train ou charrue composée demande du laboureur moins de fatigue et d'attention ; mais d'un autre côté, en raison du poids même de l'avant-train, et de la pression verticale exercée sur les roues, elle exige un cheval de plus pour la traîner.

CHARRUE POLYSOC. — On a imaginé des charrues polysocs (charrues à plusieurs socs). La meilleure est jusqu'à présent celle de M. Godefroy, qui a quatre socs doubles en fer. L'instrument n'éprouve aucune déviation, parce que les diverses parties en sont tellement combinées que les irrégularités possibles du mouvement des socs se compensent l'une par l'autre et s'annulent. Une seule des charrues polysocs de M. Godefroy effectue le même labour que quatre charrues isolées, et un seul homme dirige facilement l'instrument.

LABOURAGE A LA VAPEUR. — Dans de grandes exploitations, on peut trouver avantage à substituer la vapeur aux chevaux comme force motrice des charrues, et surtout des charrues polysocs. Deux locomobiles, placées aux deux extrémités du terrain, et déplacées à chaque sillon tracé, ou à chaque série de sillons tracée, s'il s'agit d'une charrue polysoc, mettent la charrue en mouvement.

III. — INSTRUMENTS POUR LES OPÉRATIONS COMPLÉMENTAIRES DU LABOUR.

A l'opération essentielle du labour, se joignent diverses opérations secondaires qui ont pour objet, comme le labour, une préparation convenable du sol, etc. Les principaux instruments employés pour ces opérations sont : la herse, le rouleau, la houe à cheval, la binette, la serfouette, l'extirpateur, le scarificateur et le buttoir.

HERSE. — La herse est un instrument dont on se sert, après le labour, pour pulvériser et ameublir la terre, enlever les racines des mauvaises herbes, et enterrer les semences. Elle se compose d'un châssis en bois pourvu de dents. Dans la *petite* herse, employée pour les sols légers, les dents sont en bois et cylindriques.

Herse triangulaire.

Dans la *grande* herse, employée pour les terrains plus

tenaces, les dents sont en fer, et tranchantes comme un coutre de charrue.

La herse triangulaire, communément employée, peut être remplacée avec avantage par la herse oblique de M. de Valcourt.

Dans la herse oblique de Valcourt, les deux pièces

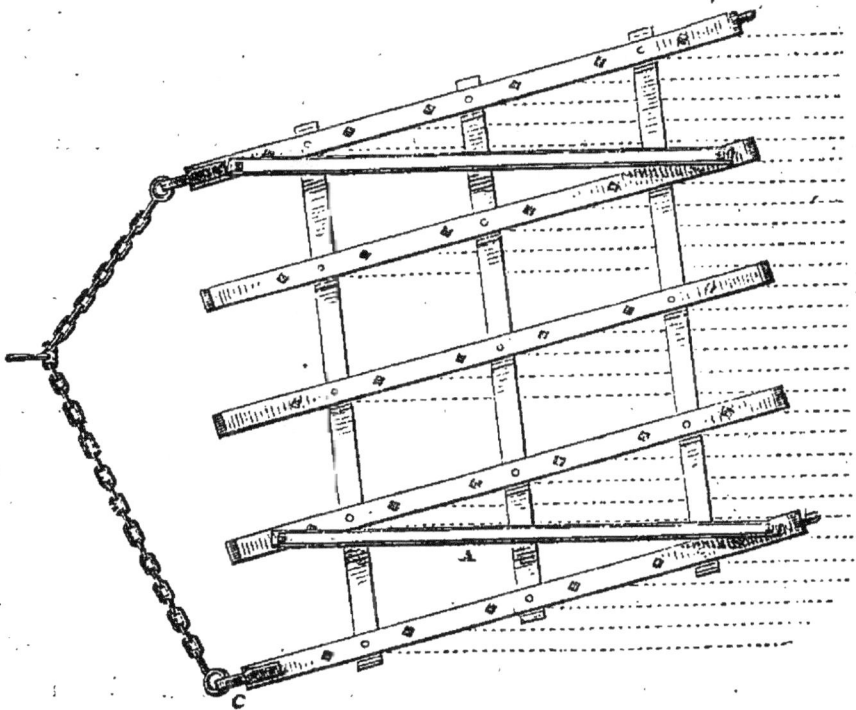

Herse oblique de Valcourt.

parallèles A doivent être dans la direction suivie par a herse, quand cette direction est convenable.

On peut faire fonctionner à la fois deux herses de Valcourt, on les fixant l'une à l'autre. (*Voyez* la fig. ci-contre, *herse double de Valcourt.*)

Pour herser avec succès et bien écraser les mottes, il faut choisir un moment où le terrain ne soit ni trop humide ni trop sec.

ROULEAU. — Le rouleau est un instrument qui a pour objet de briser les mottes qui n'ont pas été pulvérisées par la herse ou de les enfoncer pour les soumettre à un second hersage. Il consiste en un cylindre de bois, de pierre ou de fonte qui tourne dans un cadre traîné par des animaux.

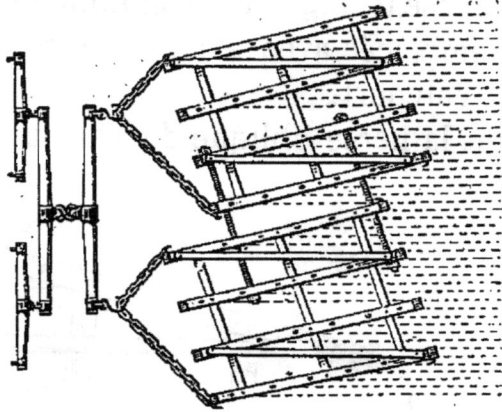

Herse double de Valcourt.

On se sert pour les sols compactes de rouleaux à dents ou à disques, particulièrement du rouleau à disques en fonte, imaginé par Mathieu de Dombasle, et nommé par lui *rouleau-squelette*.

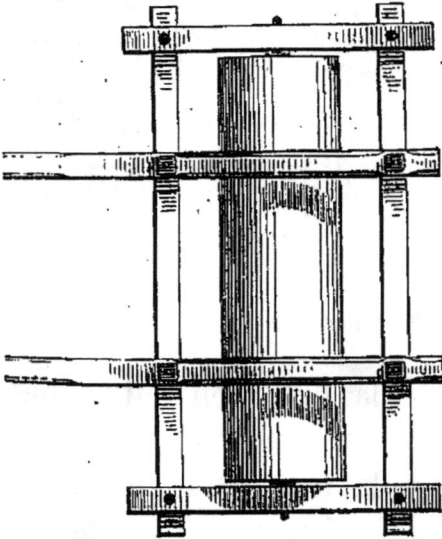

Rouleau ordinaire.

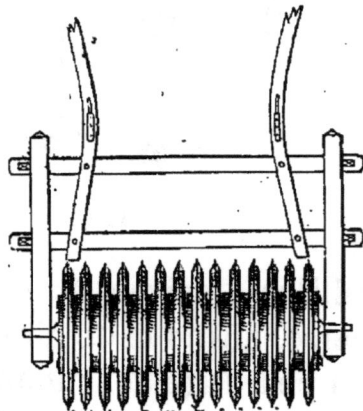

Rouleau-squelette de Dombasle.

Le rouleau Crosskill a plus de puissance encore que le rouleau Dombasle. Il se compose de 21 disques en fonte, tous dentés et tournant sur un même axe.

Le rouleau ordinaire, le rouleau-squelette, le rouleau Crosskill, servent, comme nous l'avons dit, à briser les mottes non pulvérisées ou à les enfoncer dans le sol pour qu'elles soient brisées par un second hersage. Le rouleau ordinaire sert encore à comprimer légèrement les semences, après qu'elles ont été enterrées par la herse, et à supprimer les vides qui existent autour des

Rouleau Crosskill.

graines; cette opération se nomme le plombage. Enfin, il arrive souvent que les gelées de l'hiver soulèvent la surface du sol et déchaussent les racines des blés. On procède alors à un nouveau plombage, en passant encore une fois le rouleau sur le sol pour recouvrir les racines.

Houe a cheval. — La houe à cheval sert à rompre la croûte qui se forme à la surface des terrains, lorsque ces terrains portent des plantes disposées en lignes suffisamment espacées pour qu'on ne risque pas de les atteindre avec l'instrument. Si les lignes ne sont pas suffisamment espacées, on se sert de la houe à main, pleine ou bidentée (page 80).

Binette. — Quand les lignes de plantes sont très-peu espacées ou qu'elles sont semées à la volée, on se sert de la *binette*. Cet instrument est de même forme que la houe bidentée ou houette (page 80), mais plus petit.

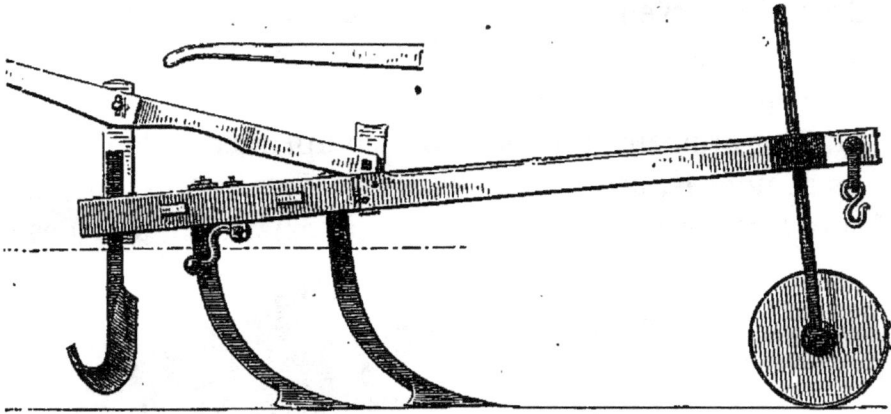

Houe à cheval.

Pour certaines plantes, comme les raves, les navets, les carottes, les betteraves, on doit plusieurs fois pendant la végétation diviser et pulvériser, avec une binette, la surface de la terre.

SERFOUETTE.— Il y a souvent avantage à substituer la serouette à la binette.

Avec le bident, on ameublit la terre; avec la lame tranchante, on coupe les mauvaises herbes.

EXTIRPATEUR. — L'extirpateur sert à donner une dernière préparation au sol après les labours et avant l'ensemencement, tant pour ameublir la terre que pour

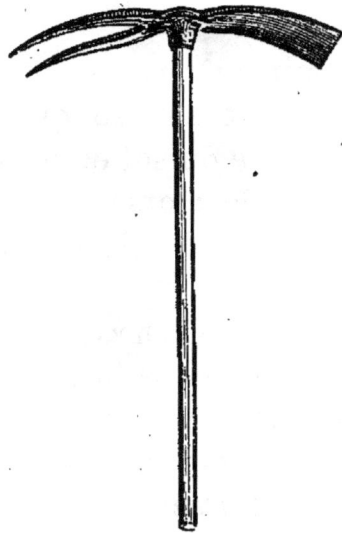

Serfouette.

arracher et détruire les mauvaises herbes. Il opère plus rapidement et n'entre pas aussi profondément

dans le sol. L'un des meilleurs extirpateurs est l'extirpateur de M. de Valcourt. Il se compose d'un cadre horizontal formé de fortes pièces de bois (F). A la partie pos-

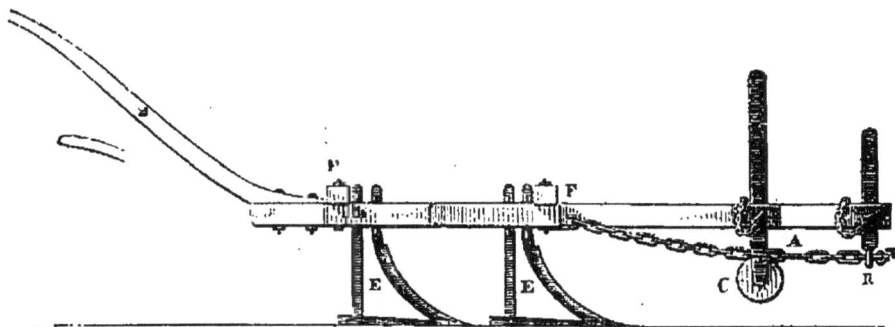

Extirpateur de Valcourt.

térieure sont les marches. La partie antérieure présente
un age (A) muni d'une roue (C) régularisant la profondeur du binage. Au cadre horizontal sont adaptés les
socs (E) au nombre de cinq, deux en avant et trois en
arrière.

Buttoir de Désert.

SCARIFICATEUR.— Cet instrument diffère de l'extirpateur en ce que les socs sont remplacés par de fortes

dents en fer. Il divise la terre en la tranchant verticalement, d'où son nom de scarificateur, du grec
σχαριφάομαί, inciser. On le préfère à l'extirpateur, quand
le terrain est couvert de chiendent ou d'herbes à racines traînantes.

BUTTOIR. Le buttoir est un instrument qui a pour
objet de tasser la terre au pied des plantes. C'est une
sorte d'araire traînée par un cheval.

IV. — PLANTOIRS ET SEMOIRS.

PLANTOIRS. — Le plantoir simple est un outil de bois
pointu dont on se sert pour faire les trous dans lesquels on met des plantes et
des graines. Le plantoir flamand se compose de deux plantoirs simples ajustés ensemble ; il est surtout employé
pour le repiquage du colza.

SEMOIRS. — On sème soit à
la main, à la volée, ou en
lignes, soit à l'aide d'un semoir. L'un des semoirs les plus
usités est le semoir à brouette
de Mathieu de Dombasle.

La semence est jetée dans
le compartiment P, d'où elle

Plantoir flamand.

passe dans le compartiment O, par la coulisse I, qui
modère l'écoulement à la volonté de l'ouvrier. Les
deux compartiments sont portés sur une brouette.
Une chaîne s'enroule sur une poulie H, et sur une
autre poulie adaptée à l'axe de la roue N. En poussant la

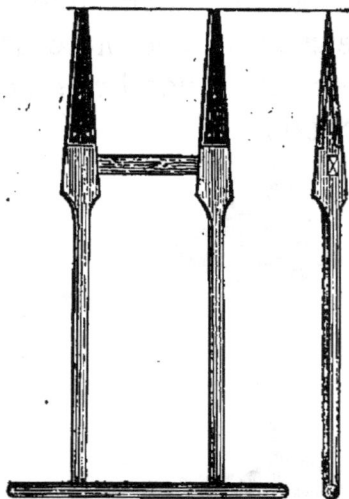

brouette en avant, la chaîne fait tourner un disque placé dans le compartiment O. Le mouvement du disque, par un mécanisme particulier, précipite la semence dans une ouverture pratiquée au fond du comparti-

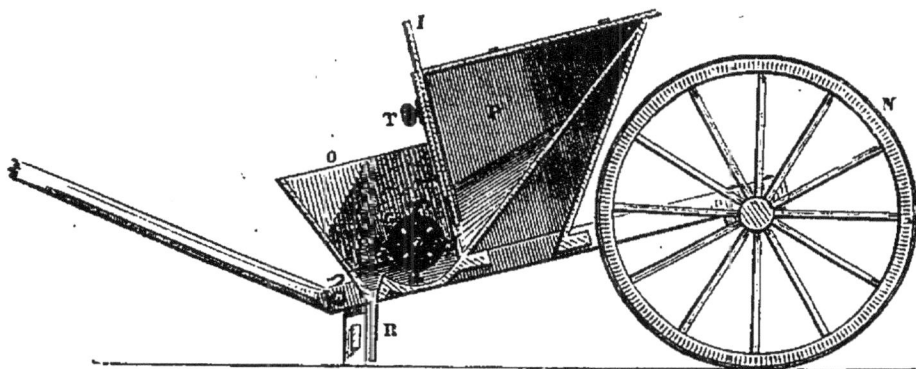

Semoir-brouette.

ment, et de cette ouverture, par l'intermédiaire d'un tube, elle se déverse sur le sol.

RAYONNEUR.—Quand on se sert du semoir à la brouette, on trace préalablement, au moyen du *rayonneur*.

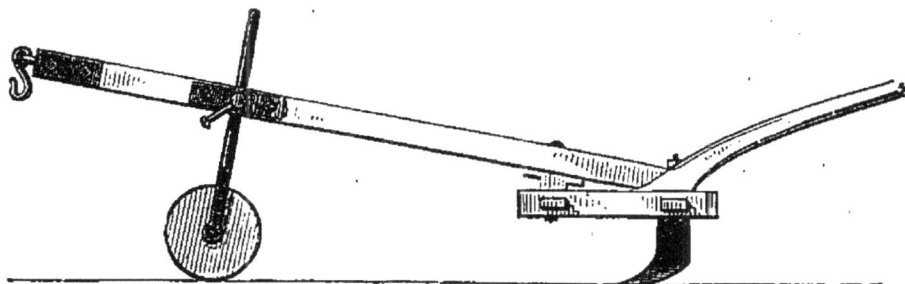

Rayonneur.

V. — INSTRUMENTS POUR LA FENAISON ET LA MOISSON.

FAUX. — La coupe des foins se fait avec la faux.

FOURCHES POUR LE FANAGE. — Pour le fanage, on se sert de fourches à deux dents ou à trois dents.

RATEAU A MAIN.— On se sert également pour retourner, éparpiller et rassembler le foin, de râteaux à main.

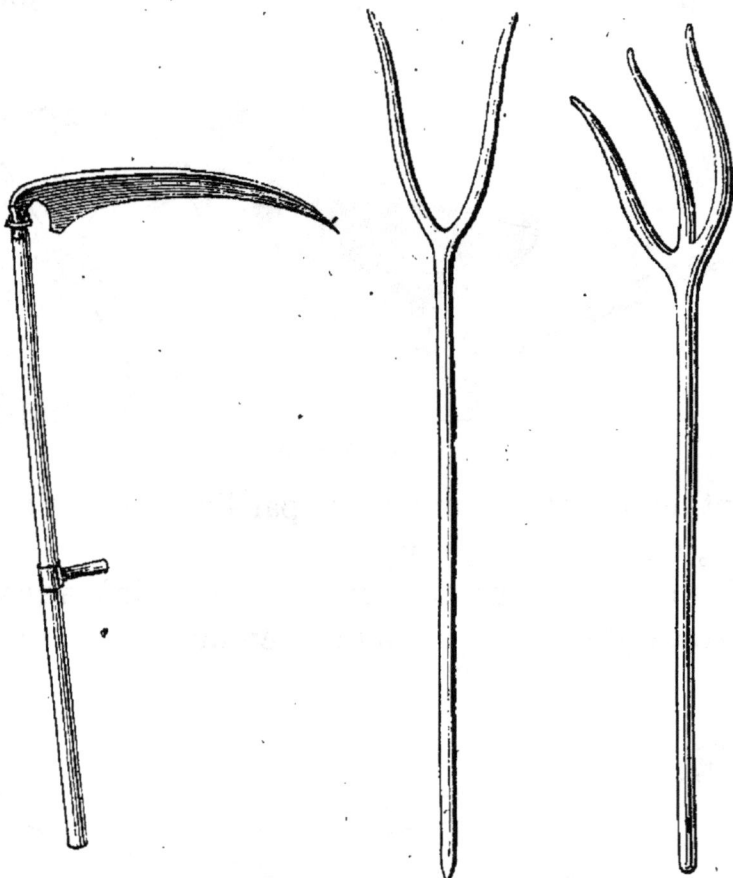

Faux.   Fourche à 2 dents Fourche à 3 dents
              pour le fanage.   pour le fanage.

Ils sont en bois et pourvus d'une double rangée de dents.

RATEAU A CHEVAL. — Pour rassembler le foin, on remplace avec avantage le râteau à main par le râteau à cheval de Howardds, lequel est composé de 24 dents d'acier courbées. Elles se meuvent autour d'une charnière qui est adaptée à un assemblage supporté par des roues.

FANEUSE. — Pour retourner et éparpiller le foin, le râteau à main est remplacé avec avantage par la faneuse anglaise de Woburn.

Elle se compose d'une sorte de cylindre creux, tra-

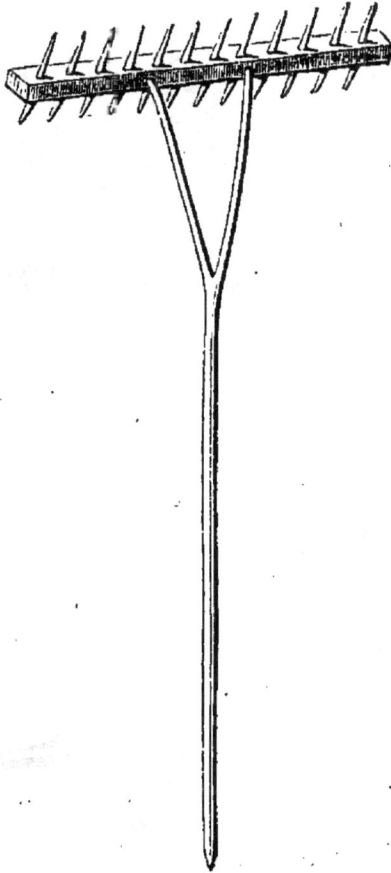

Râteau pour le fanage.

versé par un age en fonte E, et porté par des roues N. Les bases de ce cylindre sont formées par les huit cercles L, dont les circonférences et les rayons sont en fonte. Ces circonférences sont jointes entre elles par

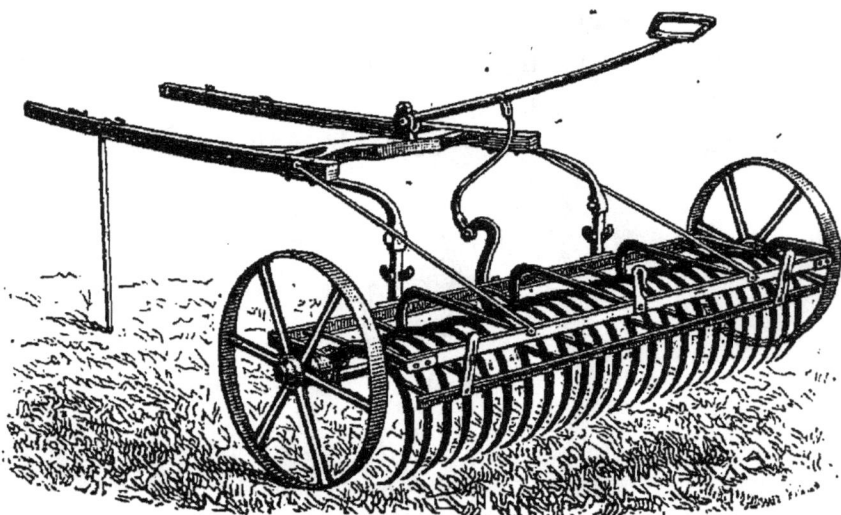

Râteau à cheval de Howardds.

huit barres en bois C, armées de dents de fer A, de

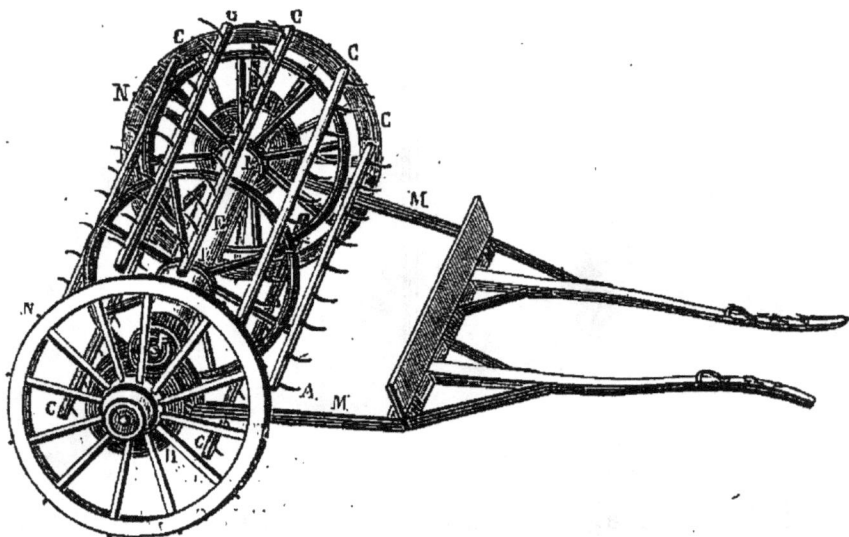

Faneuse anglaise de Woburn.

sorte que les barres avec leurs dents forment la surface

latérale du cylindre. Des ressorts B, fixés sur les cir-

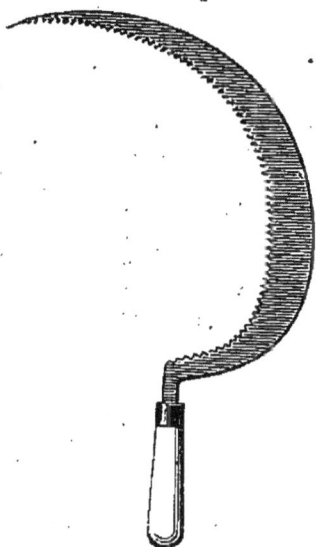

Faucille à dents.

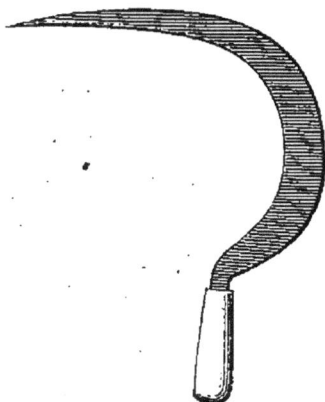

Faucille sans dents.

conférences des cercles L, maintiennent les dents, A, dans la direction des huit rayons. Cette machine est conduite soit par un seul cheval, soit par deux chevaux.

FAUCILLE. — La faucille, avec ou sans dents, est généralement employée pour la coupe des moissons.

SAPE FLAMANDE. — La sape flamande, sorte de petite faux, est, dans certaines contrées, préférée à la faucille pour la coupe des moissons. On se sert aussi de la faux ordinaire.

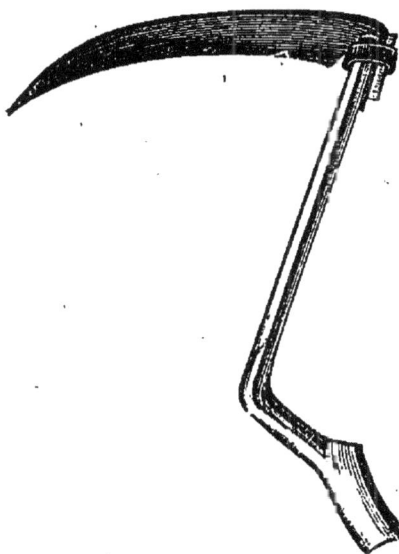

Sape flamande.

MOISSONNEUSE.— Un fermier américain, Mac-Cormick,
a imaginé pour la coupe des moissons une machine, appelée moissonneuse, qui est traînée par des chevaux,
et qui fonctionne beaucoup plus vite que les autres
instruments, mais dont le prix élevé (700 à 800 francs)
n'en rend l'usage possible que dans la grande culture.

Les tiges à couper, écartées du reste du champ par le

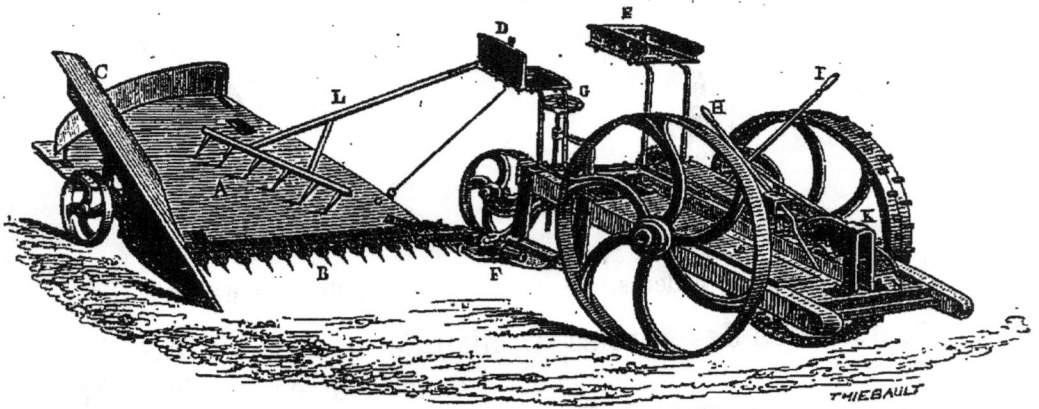

Moissonneuse Mac-Cormick.

séparateur en bois C, et maintenues convenablement
par une rangée de piques, B, sont tranchées par la scie S,
et jetées sur la plate-forme A. Ce sont les roues J, qui par
l'intermédiaire de la couronne dentée K, mettent en
mouvement la scie. Un levier, H, arrête la machine ou
lui permet de fonctionner. Une roue, G, sert à régler la
hauteur à laquelle les tiges sont coupées.

VI. — INSTRUMENTS POUR L'EXPLOITATION INTÉRIEURE.

Les instruments indiqués dans les paragraphes précédents servent tous à l'exploitation extérieure. Il nous
reste à faire connaître quelques-uns de ceux qui sont

employés pour l'exploitation intérieure : fléau, machine à battre, van, tarare, crible, trieur ; pressoir.

FLÉAU. — Le fléau est employé pour battre les grains, et séparer, par ce battage, les grains de la paille.

MACHINE A BATTRE. — Le fléau fatiguant beaucoup l'ouvrier, et d'autre part n'opérant qu'avec lenteur, on a imaginé des machines à battre. La machine à battre *Fauchet* se compose de deux cylindres en fonte (D), au-devant desquels une table F, reçoit une gerbe déployée en travers. Les tiges sont successivement saisies par les cylindres, et envoyées sous le batteur (B), autre cylindre, armé de barres saillantes qui frappent les épis. Le contre-bat-

Fléau.

Machine à battre Fauchet.

teur E, qui est sous le batteur, présente des canne-
lures qui ont pour objet de ralentir le passage des

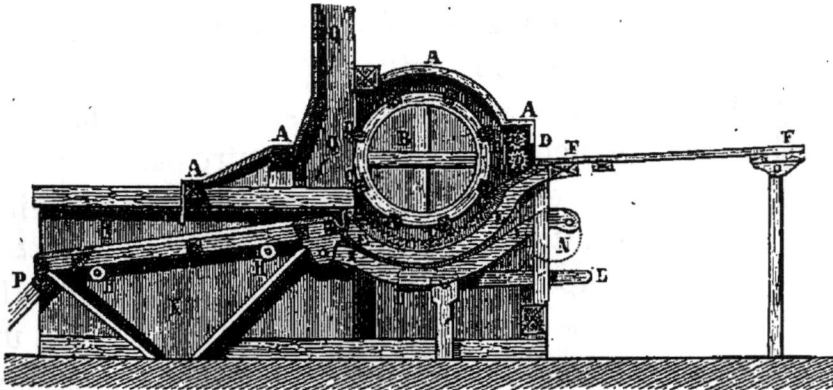

Coupe de la machine à battre Fauchet.

tiges sous le batteur, et de rendre l'action de celui-ci
moins rapide et plus complète. Du batteur, le grain
et la paille passent dans le vanneur (G), grillage en
bois qui, soutenu par des roulettes (H), reçoit un
mouvement de va-et-vient; par suite de ce mouvement, la paille, retenue sur le grillage, arrive à un
grillage plus incliné, qui la déverse hors de la machine, et le grain tombe soit dans un récipient, soit
dans la trémie d'un tarare (K).

La force motrice est fournie aux diverses parties de
la machine par un manége mû par des chevaux.

L'un des deux cylindres D, qui saisissent les gerbes,
reçoit l'impulsion de la force motrice, par l'intermédiaire d'une roue M et d'une courroie O, et la rotation
de ce cylindre entraîne celle de l'autre cylindre D. La
même roue M imprime le mouvement au batteur, dont
elle engrène directement le pignon. Une roue à manivelle N, et le levier cintré I font mouvoir le vanneur.

Des poulies de renvoi, O, font mouvoir le tarare, si on le joint à la machine.

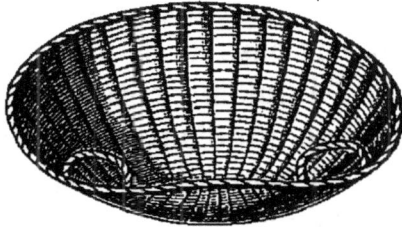

Van.

VAN. — Le van est un instrument en osier, dans lequel on met du grain battu, qu'on secoue pour le débar-

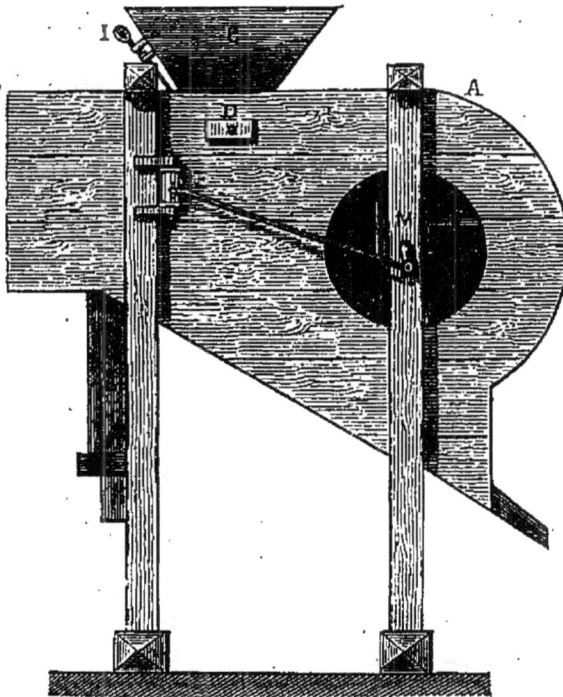

Tararc.

rasser des menues pailles et autres ordures. Les corps légers s'envolent ou viennent à la surface du grain d'où on les enlève.

TARARE.—Le van est avantageusement remplacé par le tarare. Cet instrument se compose d'une trémie C, qui reçoit le grain, à la base de laquelle un cylindre cannelé, D, facilite l'écoulement du grain qui tombe sur une grille F. Un courant d'air, produit par un volant B, agit de bas en haut contre la grille et entraîne hors du tarare les menues pailles et autres corps légers qui viennent tomber en L, d'où ils sont amenés jusqu'à terre. Le bon grain, en glissant sur un plan incliné, arrive sur le sol.

CRIBLE.— Le grain qui a passé par le van ou le tarare n'est pas encore complétement net. Le crible cylindrique a pour objet de le débarrasser des menus corps

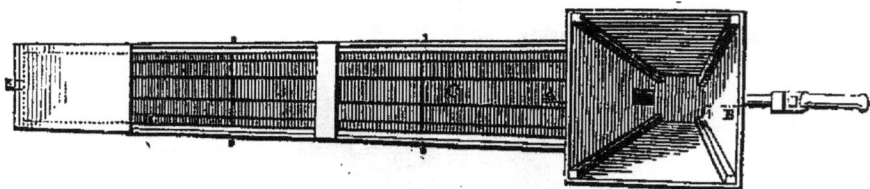

Crible.

étrangers et des grains mal conformés qu'il contient encore.

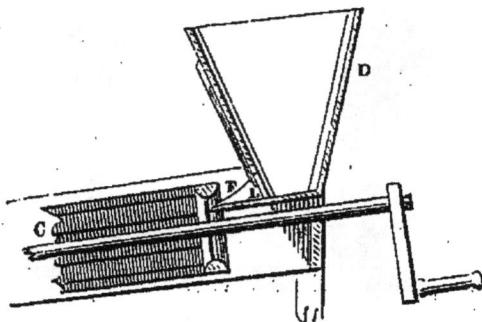

Coupe du crible.

Le crible se compose d'une trémie D, et d'un cylindre en fil de fer dont le diamètre diminue et dont les mailles s'élargissent en s'éloignant de la trémie. Cette trémie, par un orifice L et un petit conduit P, laisse passer le grain dans le cylindre. En faisant tourner celui-ci, au moyen d'une manivelle, les corps légers et les petits grains tombent de la partie supérieure du cylindre ; les grains un peu plus gros tombent du milieu du cylindre, et les grains lourds et très-gros tombent de la partie inférieure du cylindre.

Trieur Pernollet.—Le trieur Pernollet est une espèce de crible dans lequel le cylindre de fil de fer est remplacé par un cylindre en tôle percé de trous de diverses grandeurs et de diverses formes, et divisé en quatre

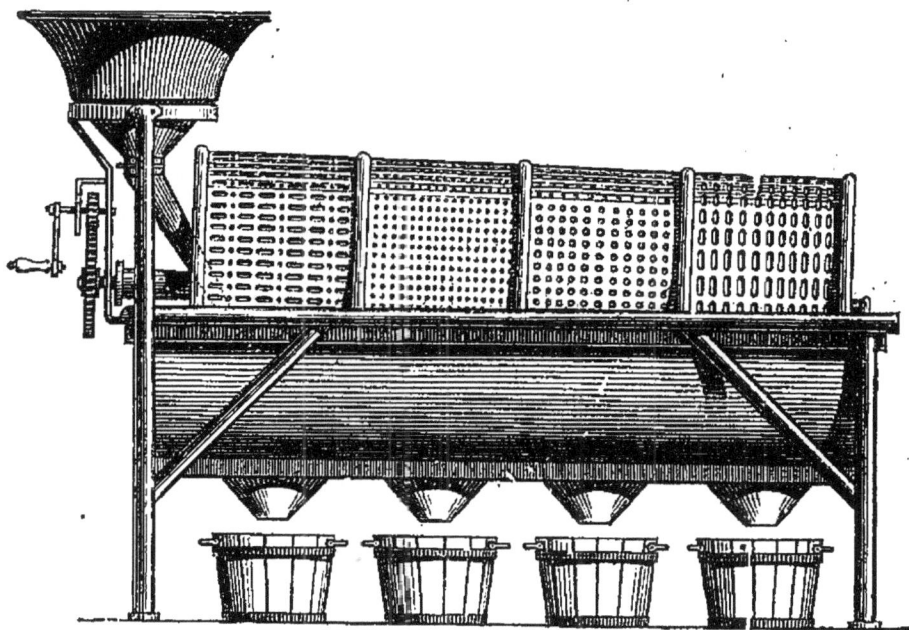

Trieur Pernollet.

parties qui distribuent les grains dans quatre récipients.

Pressoir. — Les pressoirs sont des machines servant

à presser le raisin, les pommes, etc., pour en faire

Pressoir à vin.

du vin, du cidre, etc. La figure ci-jointe représente un pressoir à vin.

CHAPITRE VI.

MÉTHODES ET PROCÉDÉS DE CULTURE.

SOMMAIRE. — I. *Assolements et méthodes de culture.* — Ce qu'on entend par méthode de culture, sole, assolement, rotation, jachère. — Nécessité de l'alternance des cultures. — Principes applicables à l'ordre et au choix des cultures. — Utilité de la jachère. — II. *Procédés de culture.* — Le labour, procédé

essentiel de toute culture ; opérations complémentaires : hersage, roulage, binage, buttage. — Profondeur des labours :
défoncement ; labour profond ; labour ordinaire ; labour superficiel. — Forme des labours : labour à plat, labour en
planches, labour en billons. — Nombre des labours.

I. — ASSOLEMENTS ET MÉTHODES DE CULTURE.

CE QU'ON ENTEND PAR MÉTHODE DE CULTURE, SOLE, ASSO-
LEMENT, ROTATION, JACHÈRE. — On appelle *méthode de
culture* l'ordre de succession adopté, par un cultivateur, pour les récoltes d'une même portion d'un domaine, pendant une certaine période d'années, à la
suite de laquelle le même ordre de succession se re-
produit. Chaque portion d'un domaine qui, successivement, reçoit diverses cultures, dans un certain ordre,
est appelée *sole*. La division d'un domaine en soles
forme l'*assolement*. La période de succession des cultures se nomme *période de rotation des cultures, rotation des cultures*. On appelle *jachère* l'état d'un terrain laissé improductif pendant un an. Supposons, pour
éclaircir ces définitions, qu'un cultivateur ait 60 hectares de terres labourables. Il peut les diviser en quatre
soles, contenant chacune 15 hectares, et chacune de
ces soles portera, dans le cours de quatre années successives, quatre récoltes différentes. Ces quatre années
expirées, *la période de rotation, la rotation* de ces récoltes sera terminée, pour recommencer dans le même
ordre dans le cours de quatre autres années. La division du domaine en quatre soles forme un assolement
quadriennal. Enfin, si le cultivateur adopte comme
ordre de succession des récoltes, *pommes de terre,
avoine, trèfle, blé,* l'ensemble des dispositions qu'il
aura prises constituera une *méthode de culture* fondée
sur l'assolement quadriennal et sur la succession des ré-

coltes, *pommes de terre, avoine, trèfle, blé.* Si le cultivateur divise son domaine en trois soles, et adopte, comme ordre de succession, *jachère, blé, avoine,* l'ensemble des dispositions prises constituera une méthode de culture fondée sur l'assolement triennal et sur la succession des états, *jachère, récolte de blé, récolte d'avoine.* Les deux tableaux suivants mettront encore la chose plus en évidence.

Méthode de culture fondée sur l'assolement quadriennal et sur l'ordre de succession, *pommes de terre, avoine, trèfle, blé.*

		RÉPARTITION DU DOMAINE EN QUATRE SOLES.			
		1re *sole*	2e *sole.*	3e *sole.*	4e *sole.*
Période de rotation des cultures.	1re année	Pommes de terre.	Avoine.	Trèfle.	Blé.
	2e année	Avoine.	Trèfle.	Blé.	Pommes de terre.
	3e année	Trèfle	Blé.	Pommes de terre.	Avoine.
	4e année	Blé.	Pommes de terre.	Avoine.	Trèfle.

Méthode de culture fondée sur l'assolement triennal et sur l'ordre de succession, *jachère, blé, avoine.*

		RÉPARTITION DU DOMAINE EN TROIS SOLES.		
		1re *sole.*	2e *sole.*	3e *sole.*
Période de rotation des cultures.	1re année.....	Jachère.	Blé.	Avoine.
	2e année	Blé.	Avoine.	Jachère.
	3e année	Avoine.	Jachère.	Blé.

NÉCESSITÉ DE L'ALTERNANCE DES CULTURES. — Quelles que soient les combinaisons adoptées par le cultivateur, un point est hors de doute, c'est qu'il faut alterner les cultures, et que la même plante ne peut, en général, se succéder à elle-même, avec profit, sur le même terrain. En voici les raisons : 1° chaque plante absorbe dans le sol non pas précisément certaines substances à l'exclusion de toutes les autres, mais certaines substances en forte proportion et certaines substances en proportion très-faible, ce qui appauvrit le sol précisément des substances nécessaires à la plante ; par exemple, la pomme de terre absorbe une forte proportion de potasse ; donc, si à une première récolte de pommes de terre on fait succéder une seconde récolte de pommes de terre, cette seconde récolte ne trouvera pas dans le sol toute la potasse qui lui est nécessaire ; 2° certaines plantes, telles que le blé, fournissent ce qu'on appelle des récoltes *salissantes,* c'est-à-dire des récoltes qui favorisent la production des mauvaises herbes ; si de telles plantes se succèdent à elles-mêmes, elles dépérissent par suite de la multiplicité croissante des mauvaises herbes ; 3° certaines plantes, telles que le trèfle, ont des racines qui vont chercher dans le sol les éléments nutritifs à une grande profondeur ; si de telles plantes se succèdent à elles-mêmes, les couches profondes du sol sont épuisées ; 4° certaines plantes, telles que la betterave, puisent énormément dans le sol à cause du poids considérable du rendement ; si de telles plantes se succèdent à elles-mêmes, le sol ne peut, plusieurs fois de suite, leur fournir une alimentation suffisante.

Principes applicables a l'ordre et au choix des cultures. — En ce qui concerne la succession des cultures, on peut poser les principes suivants : 1° chaque plante absorbant dans le sol certaines substances en forte proportion et d'autres substances en faible proportion, on doit faire succéder à une récolte d'une espèce une récolte d'une autre espèce, et, spécialement, à une plante qui s'assimile en faible proportion certains principes, faire succéder une plante qui s'assimile ces mêmes principes en forte proportion ; par exemple, au blé, qui s'assimile peu de potasse, faire succéder la pomme de terre qui s'assimile beaucoup de potasse. Si la pomme de terre n'est pas récoltée trop tardivement pour permettre de semer le blé assez tôt, on peut, à l'inverse, faire succéder le blé à la pomme de terre ; 2° aux plantes *salissantes,* comme le blé, faire succéder des récoltes sarclées, c'est-à-dire des récoltes, telles que la betterave, la pomme de terre, qui, plusieurs fois dans l'année, sont débarrassées des mauvaises herbes ; 3° aux plantes, telles que le trèfle, le lin, dont les racines pivotantes vont chercher dans le sol les éléments nutritifs à une grande profondeur, faire succéder des plantes à racines courtes, comme le blé ; 4° aux plantes épuisantes, comme la betterave, faire succéder des plantes peu épuisantes, comme l'avoine, les pois ; 5° disposer la succession de deux récoltes de telle sorte qu'après l'enlèvement de la première on ait un laps de temps suffisant pour préparer la terre à recevoir la seconde.

En ce qui concerne le choix même des cultures, on peut poser les principes suivants : 1° choisir les cultures qui s'accommodent le mieux du sol et du climat, et dont on peut tirer le parti le plus profitable ; 2° attribuer aux cultures fourragères la moitié des terres, de manière à produire une quantité d'engrais suffisante, à moins toutefois qu'on ne préfère acheter des engrais, et qu'on ne trouve à les acheter à bas prix.

UTILITÉ DE LA JACHÈRE. — La jachère, comme nous l'avons dit, est l'état d'un terrain laissé improductif pendant un an. Elle ne doit être ni absolument proscrite de la culture, comme le voudraient quelques esprits exagérés, ni adoptée outre mesure. La terre, après plusieurs années de production, a perdu une partie des éléments de nutrition nécessaires aux plantes; ces éléments, et plus particulièrement les éléments azotés, il faut les lui restituer par un moyen ou par un autre. On les lui restitue par les engrais ; mais si l'on manque d'engrais, on les lui restitue en la laissant en jachère, et voici comment : c'est que, pendant l'année de jachère, le sol ne dépensant pas les éléments azotés qu'il renferme, les tient en réserve pour les années suivantes. C'est ainsi qu'il faut entendre l'utilité de la jachère. On ne doit pas comparer, comme on l'a fait souvent, une terre en jachère à un homme fatigué qui se *repose* ; cette comparaison n'a rien de juste ; mais on peut, si l'on veut, comparer une terre en jachère à une personne qui, pendant une année, ne fait aucune dépense, et, les années suivantes, dispose des économies qu'elle a faites. Il ne faudrait pas se figurer, du reste, qu'il est inutile de fumer les jachères ; seulement, elles réclament une fumure moins abondante que les terrains cultivés sans interruption, et, à la grande rigueur, peuvent quelquefois se passer de fumure.

II. — PROCÉDÉS DE CULTURE.

LE LABOUR, PROCÉDÉ ESSENTIEL DE TOUTE CULTURE ; OPÉRATIONS COMPLÉMENTAIRES. — Les procédés de culture consistent dans les travaux exécutés pour la préparation et l'ameublissement du sol ; ces travaux sont les labours et les opérations complémentaires des labours : hersage, roulage, binage, buttage. Le labour est le procédé essentiel de toute culture ; il s'exécute, comme nous l'avons vu au chapitre précédent, soit à bras, au moyen de la bêche, du pic, de la pioche, ou de la houe pleine ou bidentée, soit au moyen de la charrue (araire de Dombasle, charrue à avant-train, charrue polysoc). Nous avons fait connaître, au même chapitre, les principaux instruments employés pour le hersage (herse triangulaire, herse oblique de Valcourt, herse double de Valcourt), pour le roulage (rouleau ordinaire, rouleau-squelette, rouleau Crosskill), pour le binage (binette, serfouette, houe à cheval), extirpateur, scarificateur), pour le buttage (buttoir de Désert). Le labour à la charrue étant le procédé essentiel de toute grande culture, nous devons compléter les indications données au chapitre précédent, en entrant dans quelques détails sur la profondeur, la forme et le nombre des labours.

PROFONDEUR DES LABOURS. — La profondeur à donner aux labours dépend de la nature et de l'état du terrain, et de la nature des récoltes que ce terrain doit porter. Ainsi, s'il s'agit d'un terrain présentant un sous-sol d'une nature telle qu'en le mélangeant avec la couche cultivée elle puisse l'améliorer, il y a avantage à labou-

rer à une profondeur suffisante pour amener à la surface une partie du sous-sol ; il en est tout autrement, si
le sous-sol est impropre à la culture. Si la récolte que
doit porter le terrain se compose de plantes à racines
pivotantes, les labours doivent être profonds ; c'est
l'opposé pour les plantes à racines courtes. En outre,
il faut observer que de plusieurs labours donnés successivement à un terrain pour le préparer convenablement, les derniers doivent être les moins profonds,
afin que la couche superficielle soit plus travaillée et
plus divisée que les couches inférieures.

Les labours, quant à leur profondeur, peuvent être
divisés en labours de défoncement, labours profonds,
labours ordinaires, labours superficiels. — Les labours
de défoncement sont les labours qui entament le sous-
sol. Ces labours sont le meilleur moyen de détruire
les plantes nuisibles à longues racines. Avant de les en-
treprendre, il faut voir si le sous-sol est de telle nature
que, mêlé au sol arable, il l'améliore et le fertilise : il y a
alors avantage à ramener à la surface une portion de
la couche du sous-sol ; même dans ce cas, on doit fumer fortement, attendu que la terre ramenée à la surface, ayant été jusque-là privée de l'influence de l'air,
contient peu d'éléments nutritifs. Si, au contraire, le
sous-sol n'est pas propre à la végétation, il faut bien
se garder de le ramener à la surface ; non-seulement
on dépenserait de l'argent en pure perte, mais on
vicierait la composition du sol arable. On doit alors se
contenter d'ameublir le sous-sol sans en faire monter
aucune portion à la surface. — Le labour profond est
celui qui, sans entamer le sous-sol, dépasse 24 centimètres de profondeur. — Le labour ordinaire a une

profondeur de 14 à 24 centimètres. — Enfin, le labour superficiel a moins de 14 centimètres de profondeur.

FORME DES LABOURS. — On laboure tantôt à plat, tantôt en planches, tantôt en billons. — Pour labourer à plat, on ouvre, avec une charrue, des raies parallèles dans la longueur du champ, et en déversant les tranches de terre soit à droite, soit à gauche, mais toujours du même côté, en allant et en revenant, ce qui exige une charrue à double soc. — Pour labourer en planches, on divise le champ, dans le sens de la longueur, en un certain nombre de parties d'une longueur déterminée. Chacune de ces parties forme une *planche*. Avec une charrue ordinaire, par exemple l'araire de Dombasle, on ouvre des raies parallèles, dans la longueur de chaque planche, en commençant d'un côté de la planche pour se porter du côté opposé, et en déversant les tranches de terre les unes à droite, les autres à gauche, de manière à laisser un vide au milieu de la planche. Cette première opération s'appelle *enrayer*. Ensuite on se porte vers le milieu de la planche, pour jeter l'une sur l'autre, dans le vide qui occupe ce milieu, les deux premières bandes de terre qui ont été coupées par la charrue, et l'on continue de même, en se portant successivement d'un côté et de l'autre de la planche, à verser, du côté où s'en trouve le milieu, toutes les bandes de terre qui ont été coupées, jusqu'à ce qu'on arrive aux deux extrémités de la planche, où il reste alors un vide. Cela s'appelle *endosser*. — Enfin, pour labourer en billons, on endosse plusieurs fois au lieu d'une, ce qui divise le terrain en portions plus ou moins bombées, appelées *billons*, et séparées par des

7

. rigoles. — Ces trois sortes de labours s'emploient suivant les contrées et suivant les habitudes locales.

NOMBRE DES LABOURS. — Le nombre des labours que réclame un terrain varie avec la nature et l'état de ce terrain. Les terres argileuses et compactes exigent des labours plus nombreux que les terres sablonneuses et légères ; de même, les terres remplies de mauvaises herbes exigent des labours plus nombreux que les terres qui ont porté des récoltes sarclées. En général, on donne aux terres trois labours, quelque temps après la récolte, pour les semailles d'automne, et, en hiver, pour les semailles de printemps.

CHAPITRE VII.

CULTURE DES DIVERSES ESPÈCES DE PLANTES.

II. *Plantes légumineuses.* — *Fève.* — Variétés de fèves. — Usages. — Climat et sol. — Semailles, soins d'entretien, récolte. — *Haricot.* — Variétés de haricots. — Usages. — Climat et sol. — Semailles, soins d'entretien, récolte. — *Dolic.* — *Pois.* — Variétés de pois. — Usages. — Climat et sol. — Semailles, soins d'entretien, récolte. — *Pois chiche.* — *Lentille.* — Variétés de lentilles. — Usages. — Climat et sol. — Semailles, soins d'entretien, récolte.

III. *Plantes-racines.* — *Pomme de terre.* — Variétés de pommes de terre. — Usages. — Climat et sol. — Plantation. — Soins d'entretien. — Maladies. — Récolte. — Multiplication par semis. — *Betterave.* — Variétés. — Usages. — Climat et sol; préparation du sol. — Repiquage. — Maladies. — Récolte. — *Carotte.* — Variétés de carottes. — Usages. — Climat et sol. — Semailles, soins d'entretien, récolte. — *Rave.* — Variétés. — Usages. — Climat et sol. — Semailles, soins d'entretien, récolte. — *Chou-navet.* — Variétés. — Usages. — Climat et sol. — Semailles, soins d'entretien, récolte. — *Navet.* — Variétés. — Usages. — Climat et sol. — Semailles, soins d'entretien, récolte. — *Topinambour.* — Variétés. — Usages. — Climat et sol. — Plantation, soins d'entretien, récolte. — *Patate.* — Variétés. — Usages. — Climat et sol. — Plantation, soins d'entretien, récolte.

IV. *Plantes potagères.* — *Artichaut.* — Variétés. — Climat et sol. — Plantation, soins d'entretien, récolte. — *Asperge.* — Variétés. — Climat et sol. — Plantation, soins d'entretien, récolte. — *Chou.* — Variétés. — Climat et sol. — Semailles, soins d'entretien, récolte. — *Oignon.* — Variétés. — Climat et sol. — Semailles, soins d'entretien, récolte. — *Melon.* — Variétés. — Climat et sol. — Culture et récolte.

V. *Plantes fourragères.* — *Trèfle.* — Principales variétés. — Climat et sol. — Semailles, soins d'entretien, récolte. — Météorisation des bestiaux. — *Luzerne.* — Climat et sol. — Semailles, soins d'entretien, récolte. — *Lupuline.* — Climat et sol. — Semailles et récolte. — *Sainfoin.* — Climat et sol. — Semailles et récolte. — *Vesce.* — Variétés. — Usages. — Climat et sol. — Semailles et récolte. — *Gesse.* — Variétés. — Usages. — Climat et sol. — Semailles et récolte. — *Lupin.* — Variétés. — Climat et sol. — Semailles et récolte. — *Ajonc.*

— Climat et sol. — Semailles et récolte. — *Spergule*. — Variétés. — Climat et sol. — Semailles et récolte. — *Chicorée sauvage*. — Variétés et usages. — Climat et sol. — Semailles et récolte.

VI. *Plantes industrielles (oléagineuses, textiles, tinctoriales, économiques)*. — *Colza*. — Variétés. — Climat et sol. — Semailles, soins d'entretien et récolte du colza d'hiver. — Colza de printemps. — *Navette*. — Variétés. — Climat et sol. — Semailles, soins d'entretien, récolte. — *Caméline*. — Climat et sol. — Semailles et récolte. — *Pavot*. — Climat et sol. — Semailles, soins d'entretien, récolte. — *Moutarde blanche*. — *Sésame*. — *Arachide*. — *Lin*. — Climat et sol. — Semailles, soins d'entretien, récolte. — Rouissage. — Teillage. — Sérançage. — Rendement. — Le lin, plante oléagineuse. — *Chanvre*. — Variétés. — Semailles, soins d'entretien, récolte. — *Garance*. — Usages. — Climat et sol. — Semailles, soins d'entretien, récolte. — Transplantation. — Rendement. — *Gaude*. — Variétés. — Usages. — Climat et sol. — Semailles, soins d'entretien, récolte. — *Safran*. — Usages. — Climat et sol. — Plantation, soins d'entretien, récolte. — *Carthame*. — Usages. — Climat et sol. — Semailles, soins d'entretien, récolte. — *Pastel*. — *Tabac*. — Monopole du tabac. — Variétés. — Climat et sol. — Semis en pépinière ; plantation, soins d'entretien, récolte. — *Houblon*. — Variétés. — Climat et sol. — Plantation, soins d'entretien, récolte. — *Moutarde noire*. — *Sorgho sucré*.

VII. *Vigne*. — Climat et sol. — Répartition des vignobles de France en huit groupes. — Vigne cultivée en treilles. — Variétés de raisins. — Plantation, soins d'entretien, récolte. — Provignage. — Des échalas. — Maladies de la vigne. — Fabrication du vin.

VIII. *Arbres fruitiers*. — Trois groupes d'arbres fruitiers. — Arbres à fruits de table. — Arbres à fruits employés pour le cidre. — Arbres à fruits oléagineux. — Mûrier.

Les plantes cultivées en agriculture peuvent se classer dans les huit catégories suivantes : 1° céréales ; 2° plantes légumineuses ; 3° plantes-racines ; 4° plantes

potagères ; 5° plantes fourragères ; 6° plantes industrielles ; 7° vigne ; 8° arbres fruitiers.

I. — CÉRÉALES.

On désigne sous le nom de *céréales* certaines plantes

Blé d'hiver commun.   Blé anglais.   Blé de Hongrie.

dont les graines sont farineuses et nourrissantes. On

range dans la catégorie des céréales le blé, le seigle, l'orge, l'avoine, le sarrasin, le riz, le maïs, le millet, le sorgho.

Blé.

Variétés de blé. — Les blés se partagent en deux

Blé saumon.   Blé de Saumur.   Blé de haies.

groupes : les froments et les épeautres. Le grain des

froments se détache nu de l'épi, par le battage, tandis

Blé barbu de printemps. Blé à chapeau.

que, dans les épeautres, la balle, c'est-à-dire la pellicule qui entoure le grain, lui reste adhérente.

Parmi les fro-
ments, on distin-
gue: 1° le *froment
touselle,* le plus
généralement
cultivé, et dont
les principales va-
riétés sont le *blé
d'hiver commun,*
le *blé anglais* ou
*blé rouge d'Écos-
se,* le *blé de Hon-
grie,* le *blé sau-
mon,* le *blé de
Saumur,* le *blé de
haies* (l'une des
variétés les plus
précoces), le *blé
blanc de Flandre,*
la *touselle blanche
de Provence,* le
blé d'Odessa, le
blé du Caucase, le
*blé commun de
mars,* le *blé carré
de Sicile* (blé de
mars hâtif); 2° le
froment seisette,
moins estimé que
le précédent, et
dont les princi-
pales variétés

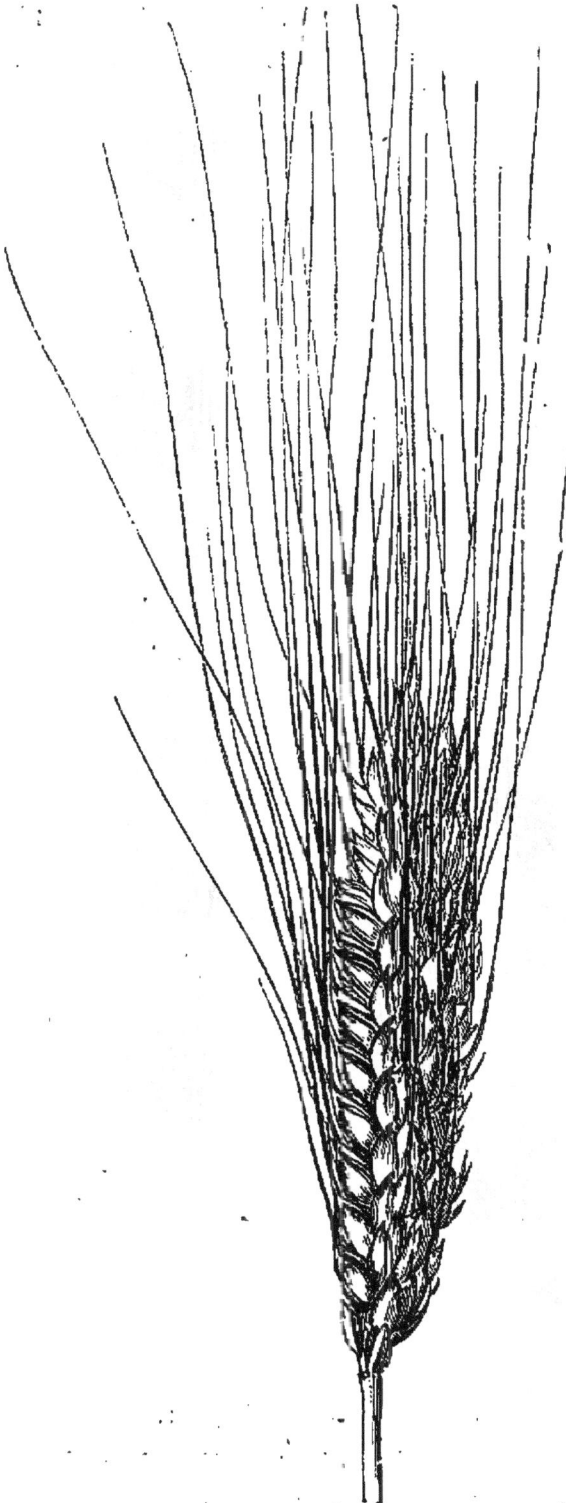

Blé poulard carré.

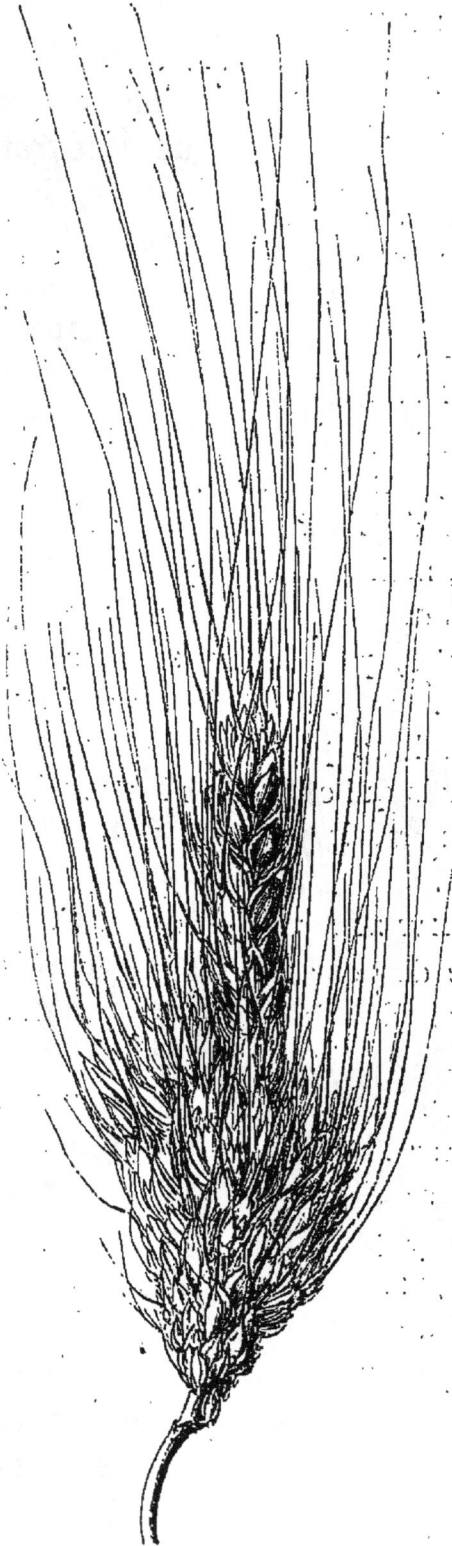

Blé de miracle   7.

sont le *blé barbu de printemps,* le *blé à chapeau,* le *blé hérisson,* le *blé seisette de Provence;* 3° le *froment poulard,* dont les principales variétés sont le *blé poulard carré* ou *blé de Sainte-Hélène,* le *blé de miracle* ou *blé d'Égypte;* 4° le *froment aubaine,* avec la farine duquel se font les pâtes d'Italie, et dont les principales variétés sont le *blé aubaine de Tangarog* et le *blé aubaine à épi comprimé.*

Le groupe des épeautres renferme : 1° le *grand épeautre,* peu cultivé en raison de l'adhérence de la balle au grain, mais plus rustique que les froments et semé à l'automne; 2° le *petit épeautre,* peu cultivé tant à cause de l'adhérence de la balle au grain qu'en raison de ce qu'il est très-peu productif, mais qui croît dans les terrains les plus mauvais et donne le meilleur gruau.

CLIMAT ET SOL. — Le blé s'accommode des climats les plus variés. Il se plaît dans les sols qui conservent une humidité modérée.

CHOIX ET PRÉPARATION DES SEMENCES; CRIBLAGE ET CHAULAGE. — Le blé destiné à servir de semence doit être, autant que possible, de l'année précédente, parce qu'en vieillissant le germe perd de son énergie productrice. Quelques-uns choisissent les plus gros grains, mais cela est inutile; les grains

Petit épeautre.

qu'il faut écarter sont ceux qui sont ridés ou mal

conformés. La semence, une fois choisie, doit subir deux opérations, le criblage et le chaulage. Le criblage a pour objet de débarrasser des menus corps étrangers et des grains mal conformés le blé qui a déjà passé par le van ou le tarare. Il s'effectue, comme nous l'avons vu, au moyen du crible cylindrique ordinaire (page 99), ou au moyen du trieur Pernollet (page 100). Le chaulage a pour but de préserver le blé de la *carie,* maladie dont nous parlerons plus loin. Voici comment il s'opère : on fait dissoudre dans l'eau chaude du sulfate de soude (sel de Glauber); en même temps, on place de la chaux vive dans un panier que l'on plonge quelques instants dans l'eau froide, puis on renverse le panier. La chaux, qui a absorbé l'eau avec rapidité et avec un grand dégagement de chaleur, est devenue chaux *éteinte* et se réduit en poudre. Le grain étant déposé dans un récipient quelconque, on l'humecte avec la dissolution de sulfate de soude, puis on répand la poudre de chaux. On remue constamment, avec une pelle, et, quand tous les grains sont bien couverts de chaux, on retire le blé. Pour 1 hectolitre de blé, il faut 2 kilogrammes de chaux vive et 650 grammes de sulfate de soude dissous dans 9 litres d'eau. L'opération du chaulage est appelée, par quelques-uns, *sulfatage,* à cause de la dissolution de *sulfate* de soude dont on humecte le blé.

Semailles. — Le blé d'hiver se sème au commencement d'octobre, dans le nord et au centre de la France, et, en novembre, dans le midi; le blé de printemps se sème sur la fin de février ou au mois de mars, et quelquefois même d'avril, quand les terres ne peuvent être prêtes avant cette époque. La quantité de semence est en moyenne de 2 hectolitres et demi pour les froments, et de 4 hectolitres pour les épeautres. Cette proportion doit être un peu augmentée pour les blés de printemps. On sème ordinairement le blé à la volée, soit d'une seule main, en portant une sorte de tablier à large poche, soit des deux mains à la fois, en se servant d'un panier suspendu au cou, qui laisse libres les deux mains. La semence peut être recouverte par un hersage ou par un labour. On peut aussi semer le blé à l'aide du semoir (*voyez* page 90), et l'instrument recouvre la semence en même temps qu'il la répand. Le semoir a l'avantage de répandre la semence plus uniformément; d'un autre côté, il ne peut fonctionner que sur les surfaces bien horizontales et parfaitement préparées et ameublies. Lorsque les semences sont recouvertes, on pratique l'opération du plombage (*voyez* page 86).

SOINS D'ENTRETIEN. — Quelquefois, au printemps, le hâle durcit tellement la surface des terres que la récolte des blés d'hiver devient souffrante; il faut alors donner un hersage au mois de mars. Lorsque les gelées de l'hiver, ce qui arrive souvent, soulèvent la surface du sol et déchaussent les racines des blés, on procède à un nouveau plombage, en passant encore une fois le rouleau sur le sol, pour recouvrir les racines. Lorsque l'hiver et le printemps ont été doux, le blé poussant trop vite, il est à craindre qu'il ne verse. Pour diminuer cet excès de vigueur, on peut, soit couper, au commencement d'avril, le tiers supérieur des feuilles, soit faire pâturer le champ, vers la même époque, par un troupeau de moutons. Enfin, vers la fin d'avril, on doit opérer le sarclage à la main.

MALADIES DU BLÉ. — Le blé peut être attaqué de la
rouille, du charbon ou de la carie. — La rouille est due à
un champignon qui naît sur les feuilles et sur la tige des
céréales, et particulièrement sur celles du blé, de l'orge
et de l'avoine. Cette maladie apparaît sous forme de
pustules qui répandent une poussière jaunâtre, bientôt
colorée à l'air en jaune de rouille. — Le charbon est dû à
un champignon qui se développe à l'intérieur même de
la plante, pour s'épanouir ensuite dans le grain, qui se
couvre d'une poussière noire comme du charbon, d'où
le nom donné à cette maladie. Elle attaque, du reste,
non-seulement le blé, mais aussi l'orge, l'avoine, le
maïs, le millet, le sorgho. C'est au blé qu'elle cause le
moins de dommage. — La carie est due, comme le charbon, à un champignon qui se développe à l'intérieur
même de la plante, pour s'épanouir ensuite dans le
grain, lequel change entièrement d'aspect en grossis-
sant. Il se fonce en couleur, et finit par être rempli
d'une poudre brune à odeur infecte. Cette maladie est
particulière au blé. Le chaulage est, comme nous
l'avons vu, un excellent préservatif.

RÉCOLTE DU BLÉ. — La récolte du blé a lieu aussitôt
que les tiges commencent à jaunir et que le grain est
devenu ferme. Il ne faut pas attendre la maturité complète, autrement l'on perd et sur la quantité et sur le
poids, et le blé contient plus de son. Il y a exception
pour le blé qui doit servir de semence; celui-ci doit
être récolté parfaitement mûr.

On coupe le blé soit avec la faucille, avec ou sans
dents (voyez page 94), soit avec la sape flamande
(page 94), soit avec la faux (page 91), soit avec la moissonneuse (page 95).

Les blés coupés au moyen de l'un de ces instruments sont déposés sur le sol par petites brassées appelées *javelles*. Pendant trois ou quatre jours, on retourne chaque matin les javelles, tant pour qu'elles achèvent de mûrir par l'effet des influences atmosphériques, que pour dessécher les mauvaises herbes qui peuvent être mêlées aux tiges de blé. On profite ensuite d'un moment où les javelles sont bien sèches pour en former des faisceaux appelés *gerbes*, qu'on serre avec des liens, préparés à l'avance, et faits de paille de blé ou de paille de seigle.

Dans les contrées humides, où les javelles seraient exposées à recevoir des pluies successives qui feraient moisir les grains, on ne les laisse pas répandues sur le sol ; dès qu'elles sont un peu ressuyées, on en forme de petites meules, appelées *moyettes*, qui peuvent supporter les intempéries beaucoup plus longtemps que les javelles ; puis, quand ces moyettes sont suffisamment sèches, on forme les gerbes.

Les gerbes une fois formées, on les engrange ou on les dispose en grandes meules. *Voyez* chapitre VIII, *Conservation des récoltes*.

RENDEMENT DU BLÉ. — La récolte moyenne du blé, en France, est de 12 à 20 hectolitres par hectare ; dans les bons terrains, elle est, en moyenne, de 25 à 30 hectolitres ; dans les circonstances les plus favorables, la récolte peut atteindre 40 hectolitres.

Seigle.

VARIÉTÉS DE SEIGLE. — Le *seigle d'hiver* est la variété la meilleure à tous les points de vue ; c'est aussi la variété le plus communément cultivée. Outre le seigle d'hiver, citons encore le *seigle de mars*, le *seigle de Russie*, variété qui donne beaucoup de paille.

USAGES DU SEIGLE. — Le seigle fournit un pain frais et sain, mais moins nourrissant que celui du blé ; mélangé avec le blé, il fournit un pain de très-bonne qualité. Quelquefois on sème ensemble le blé et le seigle : ce mélange se nomme méteil. Le seigle fournit, par la distillation, l'eau-de-vie appelée *genièvre*, et dans laquelle la baie distillée du genévrier entre pour une faible part, ou même n'entre pas du tout. Enfin, la paille de seigle est fort appréciée soit comme litière, soit surtout pour faire des liens.

CLIMAT ET SOL. — Le seigle s'accommode des climats les plus variés et est peu sensible au froid, qu'il supporte mieux que le blé. Il n'est pas difficile sur la qualité du sol, et réussit à peu près dans tous les terrains, excepté dans les argiles compactes, où il y a excès d'humidité.

SEMAILLES ET RÉCOLTE. — Les semailles ont lieu sur la fin de septembre pour le seigle d'hiver, et le plus tôt possible pour le seigle

Seigle d'hi er.

de mars. Il faut de 2 à 2 hectolitres 1/2 de semence
par hectare. La récolte se fait comme celle du blé. Le
rendement moyen, par hectare, est de 20 à 25 hectolitres de grains et de 3 à 4,000 kilogrammes de paille.

L'ERGOT, MALADIE DU SEIGLE. — Le charbon et la carie
n'attaquent jamais le seigle ; la rouille l'attaque rarement ; mais une maladie particulière, l'ergot, due,
comme les précédentes, à un champignon, attaque
particulièrement le seigle et le maïs. L'ergot est une
excroissance d'une forme analogue à l'ergot d'un vieux
coq, d'où son nom ; elle est grise à l'intérieur, violacée
à l'extérieur, et occupe la place du grain. Le pain fa-
briqué avec du seigle ergoté amène chez l'homme une
maladie (*gangrène sèche*), qui devient quelquefois épidémique. Les poules, les cochons et autres animaux qui
mangent du seigle ergoté sont sujets à une maladie analogue.

Orge.

VARIÉTÉS D'ORGE. — Les principales variétés d'orge
sont : 1° l'*orge carrée*, avec les sous-variétés appelées
orge escourgeon et *orge céleste* ; 2° l'*orge à deux rangs* ;
3° l'*orge éventail*. L'orge escourgeon est une céréale
d'hiver ; l'orge carrée, l'orge céleste et l'orge à deux
rangs sont des céréales de printemps. L'orge escourgeon est la variété la plus cultivée en France comme
orge d'hiver, et l'orge à deux rangs comme orge de
printemps.

USAGES DE L'ORGE. — L'orge sert à l'alimentation des
animaux et à la fabrication de la bière. Le résidu de
cette fabrication, la drèche, sert aussi à l'alimentation
des animaux, ou s'emploie comme engrais.

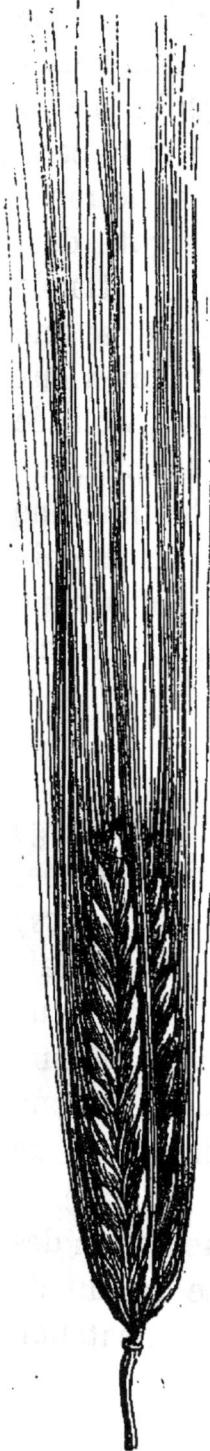

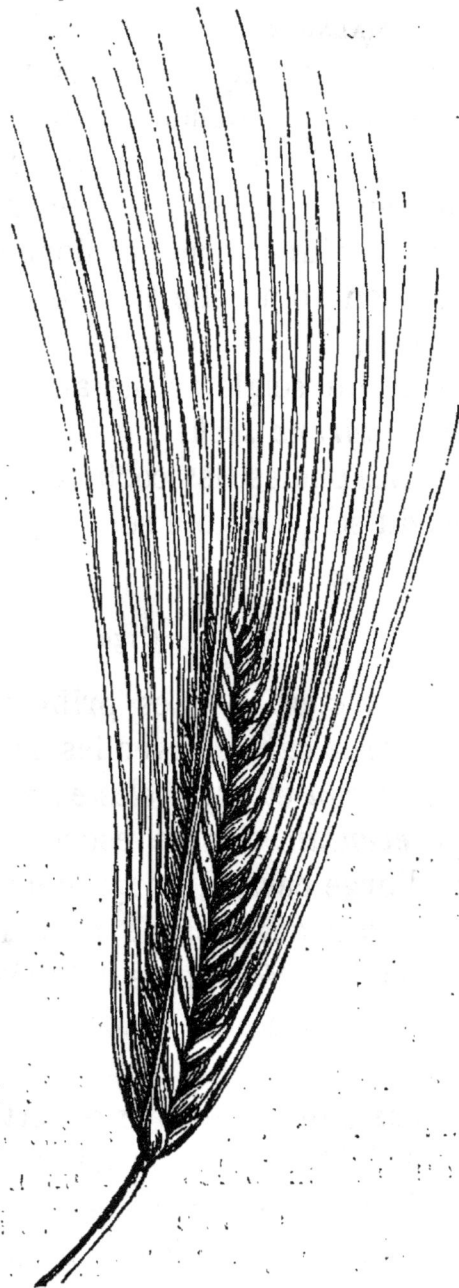

Orge carrée.   Orge escourgeon.

CLIMAT ET SOL. — L'orge s'accommode de tous les climats. Elle n'est pas difficile sur la qualité des terrains, pourvu qu'ils ne soient pas trop humides ; seulement, elle exige un sol parfaitement ameubli.

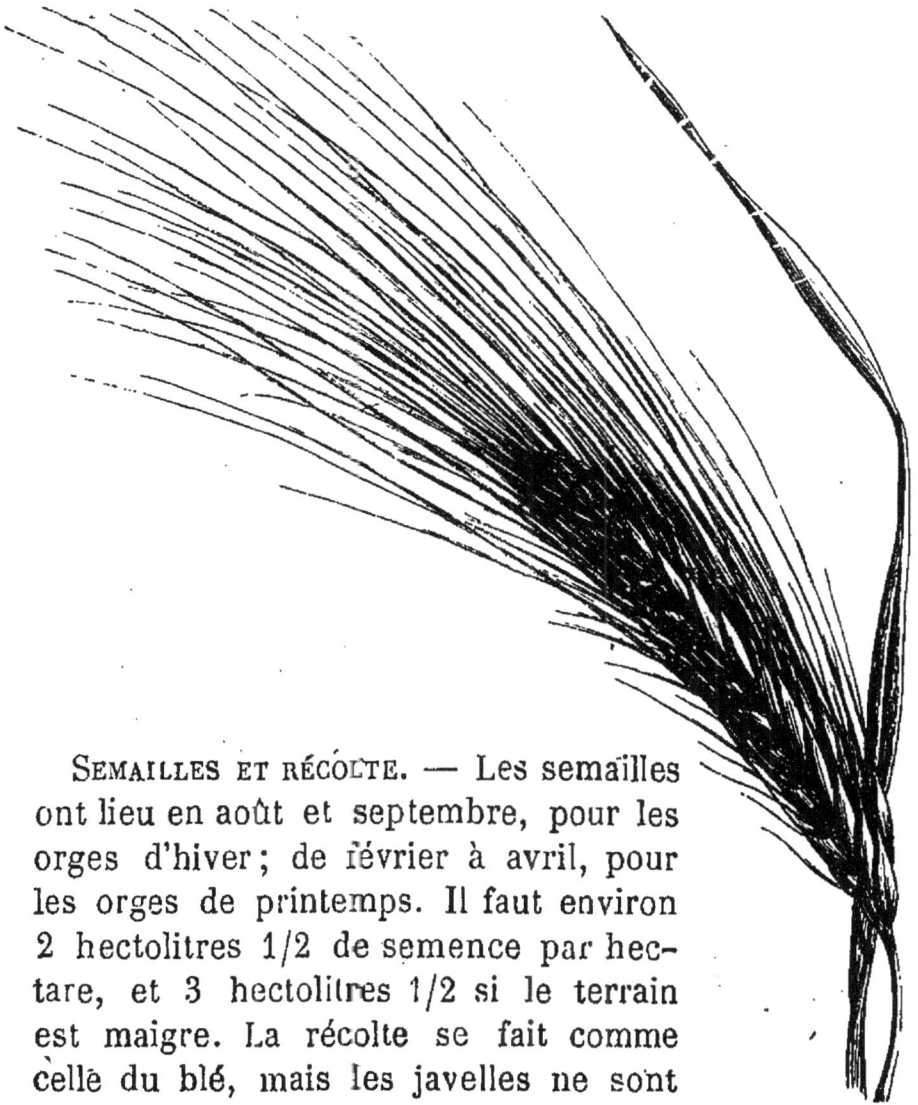

SEMAILLES ET RÉCOLTE. — Les semailles ont lieu en août et septembre, pour les orges d'hiver ; de février à avril, pour les orges de printemps. Il faut environ 2 hectolitres 1/2 de semence par hectare, et 3 hectolitres 1/2 si le terrain est maigre. La récolte se fait comme celle du blé, mais les javelles ne sont pas retournées comme les javelles du blé ; on se contente de les soulever. Le

Orge céleste.

rendement moyen est de 30 hectolitres par hectare.

MALADIES DE L'ORGE. — L'orge est sujette, comme le

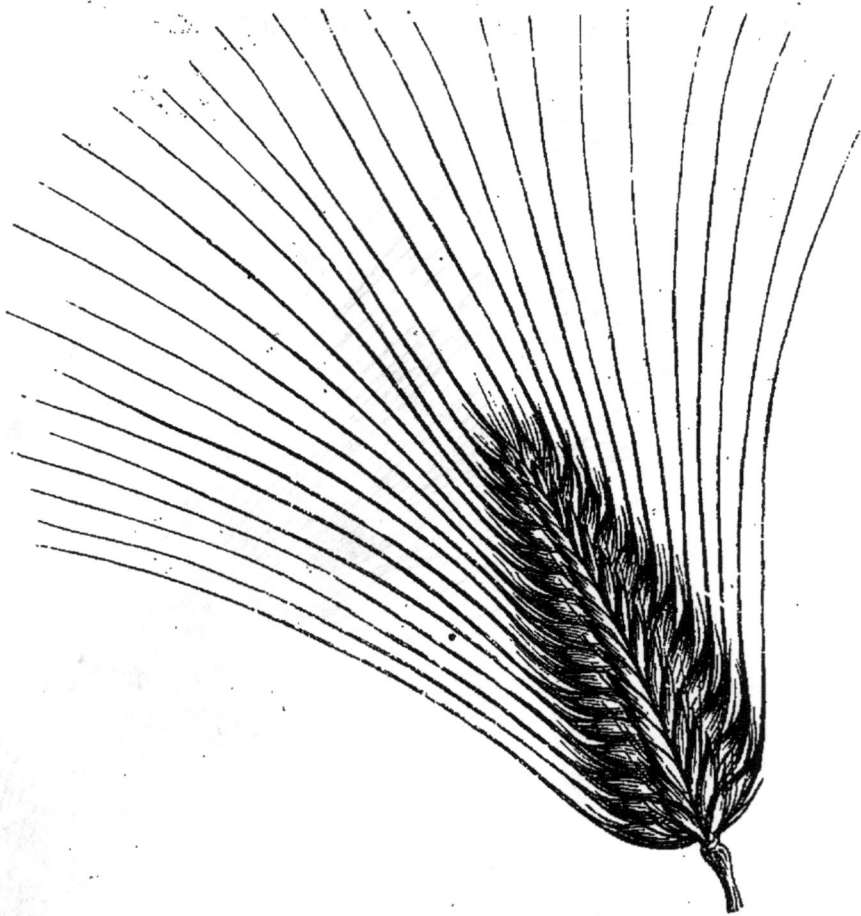

Orge éventail.

blé, à la rouille et au charbon ; elle n'est pas attaquée par la carie.

Avoine.

VARIÉTÉS D'AVOINE. — Les principales variétés d'a-voine sont : 1° l'*avoine commune*, présentant plusieurs

sous-variétés : *avoine commune d'hiver*, *avoine commune de printemps*, *avoine de Sibérie* (printemps),
avoine patate (printemps) ; 2° l'*avoine
de Hongrie* (printemps); 3° l'*avoine
courte* (hiver); 4° l'*avoine nue* ou
avoine de Tartarie (hiver).

USAGES DE L'AVOINE. — L'avoine sert
à la nourriture des animaux. La paille
sert non-seulement comme litière,
mais aussi comme nourriture des chevaux et surtout des vaches.

CLIMAT ET SOL. — L'avoine redoute
le froid; du reste, tous les sols, excepté les argiles compactes, lui conviennent.

SEMAILLES ET RÉCOLTE. — Les avoines

Avoine de Hongrie.

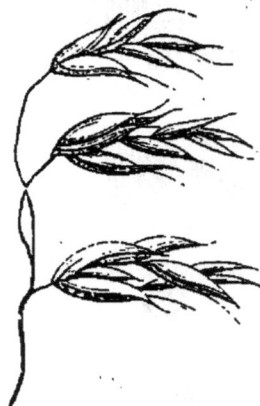

d'hiver sont semées en septembre et quelquefois en
février, après les grands froids; les avoines de prin-

Avoine courte.   Avoine nue.

temps, en mars. Il faut de 3 à 4 hectolitres de semence
par hectare. La récolte se fait comme celle du blé.

Le rendement moyen est de 40 hectolitres d'avoine et de 3,000 kilogrammes de paille par hectare.

MALADIES DE L'AVOINE. — L'avoine est sujette, comme le blé et l'orge, à la rouille et au charbon ; elle n'est pas attaquée par la carie.

¡Sarrasin ou blé noir.

VARIÉTÉS DE SARRASIN. — Le sarrasin ou blé noir présente deux variétés principales : le *sarrasin ordinaire*

Sarrasin commun. Sarrasin de Tartarie.

et le *sarrasin de Tartarie,* à la fois plus précoce et plus productif que le sarrasin ordinaire.

Usages. — Le grain du sarrasin sert à la nourriture des bestiaux et particulièrement de la volaille. La farine peut servir à la nourriture de l'homme, et en Bretagne on en fait des galettes. Le sarrasin peut aussi être employé soit comme fourrage vert, soit comme engrais vert.

Climat et sol. — Le sarrasin exige un climat à la fois doux et humide; mais il s'accommode de presque tous les sols, pourvu qu'ils soient bien ameublis.

Semailles et récolte. — Le sarrasin se sème en mai ou en juin, et se récolte vers le mois d'octobre, de sorte que, ne restant guère que trois mois en terre, il peut servir de récolte intermédiaire entre les récoltes précoces et les semailles d'automne. Il faut environ 1 hectolitre de semence par hectare. On ne coupe pas le sarrasin, on l'arrache à la main. On laisse les tiges sur le sol pendant quelques jours, puis on les lie en petites gerbes qu'on place debout deux à deux l'une contre l'autre, pendant une quinzaine de jours, pour achever la dessiccation, et on les engrange. Le rendement est très-variable.

Riz.

Variétés de riz. — On ne cultive qu'une seule variété de riz, le *riz commun*, dont une sous-variété, le *riz sans barbes*, ne présente pas l'arête qui surmonte le riz commun. Ce dernier est plus recherché par le commerce que le riz sans barbes.

Usages du riz. — Le grain est employé pour l'alimentation de l'homme, après avoir été cuit dans l'eau bouillante. La paille est mangée par les bestiaux.

Climat et sol. — Le riz est une plante aquatique,

qui exige un sol continuellement couvert d'eau. Du reste ce sol peut présenter les qualités les plus diverses, à condition de jouir d'une température élevée et d'avoir une exposition méridionale. La culture du riz est très-répandue en Asie, en Afrique, en Amérique, et même dans le midi de l'Europe; mais comme elle est très-restreinte en France, nous ne nous occuperons pas de la formation des rizières.

SEMAILLES ET RÉCOLTE. — Les semailles se font en avril ou en mai. Il faut de 2 à 3 hectolitres de semence par hectare. La récolte a lieu en septembre ou en octobre. On met la rizière à sec, puis on coupe à la faucille et on forme immédiatement des gerbes qu'on engrange ou qu'on met en meules. Le rendement est très-variable, mais on peut estimer la moyenne à 40 hectolitres par hectare.

Maïs.

VARIÉTÉS DE MAÏS. — La seule variété de maïs aujourd'hui cultivée est le *maïs commun* ou *blé de Turquie*, qui présente plusieurs sous-variétés, notamment le *maïs d'été* ou *d'août*, le *maïs d'automne* ou *maïs tardif*, le *maïs quarantain*, le *maïs nain*, le *maïs de Pensylvanie*, le *maïs de Virginie*.

Maïs de Pensylvanie.

Usages du maïs. — La farine de maïs, avec addition
de farine de blé, sert à faire du pain ; on en fait aussi
diverses pâtes ou autres préparations alimentaires à
l'usage de l'homme ou des animaux. Le grain de maïs
est une excellente nourriture pour les chevaux, les
porcs, les oies, les dindons, etc. Le maïs en vert est
un bon fourrage. La paille forme une excellente litière.
Les feuilles pailleuses qui enveloppent l'épi sont employées pour remplir les paillasses.

Climat et sol. — Le maïs peut fructifier dans les
sols de toute nature, pourvu que ces sols soient exposés à une température élevée et qu'ils soient très-
fortement fumés.

Semailles, soins d'entretien, récolte. — Le maïs se
sème en lignes espacées à 60 centimètres, et dirigées
du nord au midi. Le semoir à brouette (page 90)
est très-propre à cet usage. Si l'on sème à la volée,
les soins d'entretien se donneront beaucoup plus difficilement. L'ensemencement ne peut avoir lieu qu'assez
tard, et quand la terre est suffisamment échauffée.
Dans le Midi, on peut semer dès le mois d'avril ; dans
le Centre, on ne peut semer qu'au mois de mai, en
choisissant les variétés précoces, telles que le maïs
quarantain et le maïs nain. Il faut en moyenne 50 litres
de semence par hectare. On donne un premier binage
lorsque le maïs commence à montrer ses premières
feuilles ; quelque temps après, on donne avec le buttoir (page 88) un premier buttage, suivi d'un second
binage, puis d'un second buttage. On commence la
récolte du maïs aussitôt que les feuilles pailleuses qui
enveloppent l'épi sont desséchées. A cet effet, chaque
jour on détache des tiges la quantité d'épis que l'on

peut, ce jour même, dépouiller de leurs feuilles ; on transporte ces épis sur une aire couverte, mais bien aérée, et là, on en enlève les feuilles. Quand tous les épis sont détachés des tiges, on coupe les tiges elles-mêmes, qui sont utilisées comme litière. Quant aux épis, on les fait sécher complétoment, soit en les exposant à l'action de l'air, soit en les plaçant dans des séchoirs spéciaux, ou dans des fours de boulangers. Le rendement moyen du maïs est de 40 hectolitres par hectare.

Maladies du maïs. — Le maïs, est comme le seigle, attaqué par l'ergot; comme la plupart des céréales, il est aussi attaqué par le charbon; enfin, il paraît qu'il est quelquefois attaqué par la carie.

Millet.

Variétés de millet.—On distingue le *millet com-*

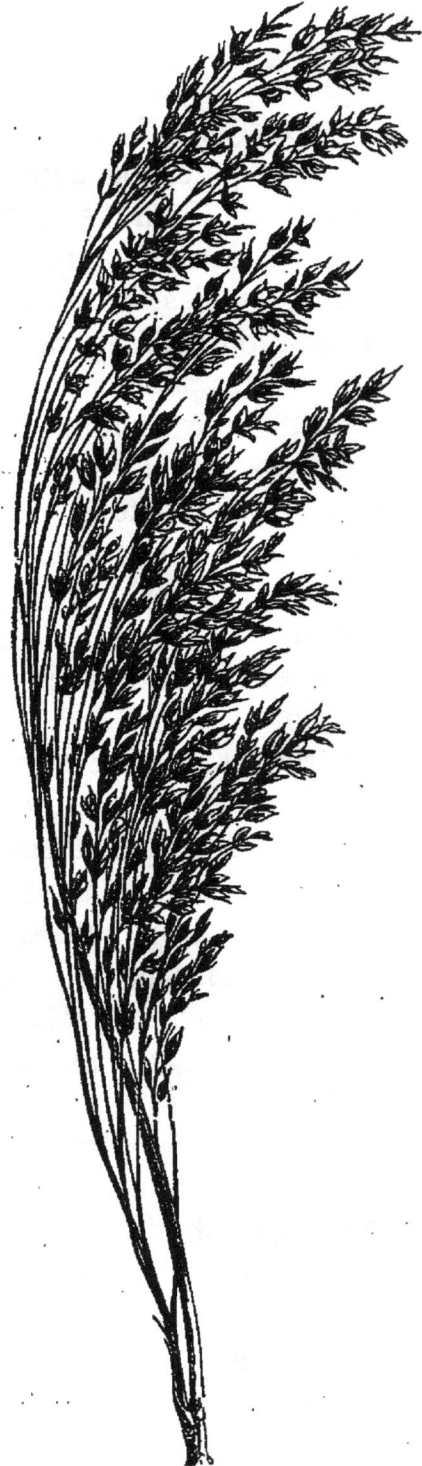

Millet commun.

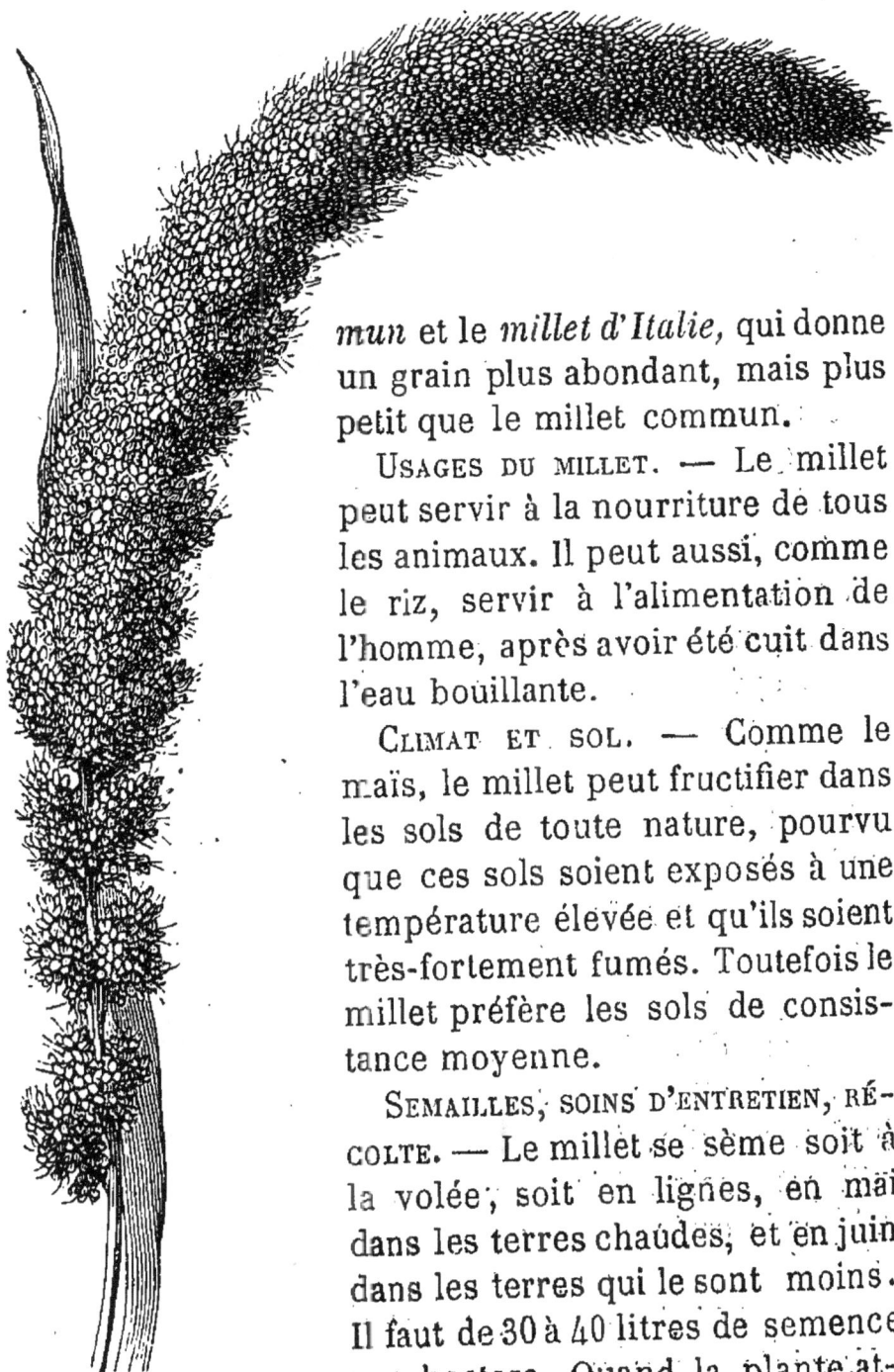

Millet d'Italie.

mun et le *millet d'Italie,* qui donne un grain plus abondant, mais plus petit que le millet commun.

USAGES DU MILLET. — Le millet peut servir à la nourriture de tous les animaux. Il peut aussi, comme le riz, servir à l'alimentation de l'homme, après avoir été cuit dans l'eau bouillante.

CLIMAT ET SOL. — Comme le maïs, le millet peut fructifier dans les sols de toute nature, pourvu que ces sols soient exposés à une température élevée et qu'ils soient très-fortement fumés. Toutefois le millet préfère les sols de consistance moyenne.

SEMAILLES, SOINS D'ENTRETIEN, RÉCOLTE. — Le millet se sème soit à la volée, soit en lignes, en mai dans les terres chaudes, et en juin dans les terres qui le sont moins. Il faut de 30 à 40 litres de semence par hectare. Quand la plante atteint 5 centimètres de hauteur, on lui donne un premier binage, suivi d'un second binage, puis d'un buttage. Le millet est coupé à la faucille quand les épis commencent à s'égrener, on le met en gerbes et on le bat immédiatement. Le rendement moyen est de 30 hectolitres par hectare.

Sorgho à balai.

USAGES DU SORGHO. — On fait des balais avec les pédoncules qui supportent les fleurs de cette plante, d'où son nom de *sorgho à balai*. Le grain qu'elle porte sert à nourrir la volaille.

CLIMAT ET SOL. — Le sorgho a besoin d'un sol abondamment fumé et exposé à une température élevée.

SEMAILLES, SOINS D'ENTRE-TIEN, RÉCOLTE. — Le sorgho se sème fin avril. Il faut 25 litres de semence par hectare. On pratique deux binages et un buttage pendant la végétation. Quand le grain est mûr, on coupe les tiges à 75 centimètres au dessous du point de nais-

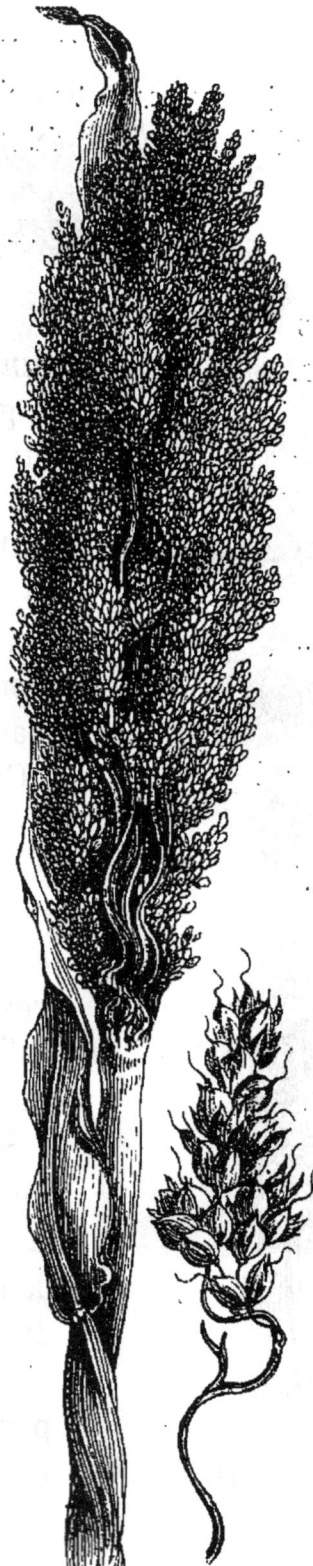

sance des fleurs ; et après le battage du grain, on fait des balais avec les pédoncules.

II. — Plantes légumineuses.

Les plantes légumineuses sont celles dont le fruit est renfermé dans une gousse. Les principales plantes légumineuses cultivées pour la nourriture de l'homme et des animaux sont : la fève, le haricot, le dolic, le pois, le pois chiche, la lentille. On peut y joindre la vesce et la gesse, mais ces plantes étant surtout cultivées pour le fourrage qu'elles produisent, nous les rangerons parmi les plantes fourragères.

Fève.

Variétés de fèves. — Il existe deux variétés principales de fèves : la fève de marais et la fève de gourgane ou féverole. La fève de marais n'est guère cultivée que dans les potagers. La féverole, plus petite, mais plus productive, est cultivée en grand pour l'alimentation des animaux.

Usages. — La féverole sèche et concassée peut, avec l'orge et la paille, servir d'aliment aux animaux de travail et suppléer au manque de fourrage ; spécialement, elle convient très-bien aux chevaux.

Climat et sol. — La féverole aime les climats tempérés et les terres compactes et un peu humides. Ces terres doi-

Féverole.

vent recevoir trois labours et la fumure nécessaire à la période de rotation des cultures ; car la féverole est une récolte sarclée qui commence la rotation.

SEMAILLES, SOINS D'ENTRETIEN, RÉCOLTE. — On sème souvent la féverole à la volée. Il est préférable de la semer en lignes ; ces lignes sont plus ou moins distantes, selon que les soins d'entretien sont pratiqués à bras ou avec des machines mues par des animaux (houe à cheval et buttoir). En semant à la volée, il faut environ 3 hectolitres par hectare ; en semant en lignes, il suffit d'un peu plus d'un hectolitre. Dans le Midi, les semailles se font en novembre ou décembre, et ailleurs, au commencement de mars. Quelques jours après l'ensemencement; la féverole reçoit un hersage en travers, lequel est suivi de deux binages à la houe à cheval, si les lignes sont suffisamment espacées, à la houe à main dans le cas contraire. Après le second binage on applique souvent un buttage. Puis, quand les cosses inférieures commencent à se former, on retranche le sommet des tiges. Cette opération se nomme l'écimage. Elle se fait avec une lame de sabre ou le revers d'une faux. Elle a pour objet de supprimer les nouvelles fleurs, auxquelles le temps manquerait pour mûrir, et qui ne feraient que nuire au développement des autres. Lorsque la plus grande quantité des tiges commence à noircir, on procède à la récolte, soit en fauchant, si les tiges sont courtes, soit en faucillant, si elles sont longues, soit quelquefois en arrachant les tiges. On met en javelles, et quand la dessiccation est assez avancée, on met en gerbes et on rentre, puis on bat et on nettoie. Le rendement moyen est de 25 à 28 hectolitres de grain par hectare.

Haricot.

Variétés de haricots. — Les haricots cultivés appartiennent soit à l'espèce du *phaseolus lunatus*, soit à l'espèce du *phaseolus vulgaris.* Le phaseolus lunatus (haricot de Lima) est très-productif, mais comme il mûrit tardivement, il est peu cultivé. Le phaseolus vulgaris présente un grand nombre de variétés, dont les unes, ayant besoin de points d'appui, sont appelées *haricots*

Haricot de Soissons, à rame.

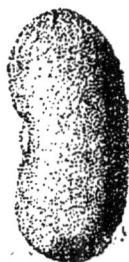

Haricot de Soissons, à rame.

Haricot nain, blanc.

ramés, et dont les autres, à tiges plus courtes, sont appelées *haricots nains.* Les variétés les plus cultivées sont, parmi les haricots ramés : le *haricot ramé de Soissons*, mangé surtout en sec, le *haricot sabre*, mangé en vert et en sec, le *haricot prédome* ou *haricot mange-*

tout, mangé en vert et en sec; parmi les haricots nains:
le *haricot nain de Soissons*, très-précoce et dont le grain
est semblable à celui du haricot ramé de Soissons,
mais plus petit, le *haricot nain blanc*, le *haricot sabre
nain*, le *haricot solitaire.*

USAGES. — Le haricot est un des éléments les plus
importants de l'alimentation de l'homme; il a l'avantage de se conserver facilement. Les animaux n'en veulent manger que les tiges.

CLIMAT ET SOL. — Les haricots demandent une terre
fraîche, mais sans surabondance d'humidité; ils craignent le froid, et dans le Nord, on ne doit en cultiver
que les variétés précoces, telles que le haricot nain de
Soissons.

SEMAILLES, SOINS D'ENTRETIEN, RÉCOLTE. — On sème
les haricots en lignes espacées de 30 à 40 centimètres dans une terre bien préparée par les labours
et les hersages. Les semailles ont lieu en avril ou en
mai. On choisit des semences de deux ans. Il faut environ 1 hectolitre 1/2 par hectare. Si la surface
du sol se durcit avant la sortie des plantes, on donne
un léger hersage. Quand les haricots commencent à
pousser, on leur applique un premier binage, puis un
second, puis un premier buttage, puis un second. Ces
opérations se font avec la houe à main. Quand les haricots commencent à s'enchevêtrer, on rame. Quand
les gousses sont mûres, on arrache les tiges, en choisissant le moment de la rosée, pour éviter l'égrenage.
Quand les plantes sont sèches, on les rentre; et après
les avoir exposées à l'air dans un lieu abrité, on bat. Le
rendement est d'environ 30 hectolitres de grain par
hectare.

Dolic.

Le dolic est cultivé dans le midi de la France. Le
dolic à onglet est la seule espèce cultivée en grand; elle est employée à l'alimentation de l'homme, et demande la
même culture que le haricot.

Dolic à onglet.   Pois.

VARIÉTÉS. — On cultive en grand deux variétés de
pois : 1° le *pois gris*, qui présente deux sous-variétés,

Pois des champs ou pois gris.   Pois cultivé.

le *pois gris de printemps* et le *pois gris d'hiver;* 2° le
pois cultivé, qui présente de nombreuses sous-variétés :
pois de Marly, pois de Clamart ou *pois carré, pois gros
vert, pois ridé, pois hâtif de Hollande.*

CLIMAT ET SOL. — Les pois s'accommodent à peu
près de tous les climats et de tous les sols, en préférant toutefois les sols de consistance moyenne.

Usages. — Le pois cultivé est employé à la nourriture de l'homme, le pois gris à la nourriture des animaux. Les fanes, vertes ou sèches, sont un bon fourrage.

Semailles, soins d'entretien, récolte. — On sème les pois sur le terrain hersé, les pois gris à la volée, les pois cultivés en lignes. On recouvre ensuite les pois gris soit à la charrue, soit avec l'extirpateur, et les pois cultivés avec la herse. Les semailles peuvent se faire à l'automne ou au printemps. Il faut par hectare 2 hectolitres de pois gris, et 1 hectolitre 1/4 de pois cultivés. Dès que les pois gris commencent à pousser, on herse pour pulvériser la surface du sol. Quant aux pois cultivés, on les bine avec la houe à main quand ils commencent à pousser; quelque temps après on les bine de nouveau, puis on les butte, toujours avec la houe à main. Quand la plus grande partie des cosses est mûre, on coupe les pois avec la faux, on les laisse sécher, puis on les rentre et on les bat. Le rendement des pois gris est en moyenne de 13 hectolitres de grain et de 3,000 kilogrammes de fourrage par hectare. Le rendement des pois cultivés est de 18 hectolitres de grain et de 4,400 kilogrammes de fourrage par hectare.

Pois chiche.

Pois chiche (la gousse et le pois).

Le pois chiche est un aliment très-goûté des peuples méridionaux, qui font de la purée avec son grain. Les fanes servent de fourrage aux moutons. Le pois chiche aime les terres sèches, se sème généralement au printemps, et rend environ 4 hectolitres par hectare.

Lentille.

Variétés de lentilles. — On distingue : 1° la *lentille*

Grande lentille.

Petite lentille

Lentille uniflore.

Lentille commune.

commune, qui présente deux variétés, la *grande lentille* et la *petite lentille* ; 2° la *lentille uniflore*.

Climat et sol. — La lentille n'est pas difficile sur le climat. Elle s'accommode assez bien de tous les sols, à l'exception des sols compactes et argileux.

Usages. — La lentille fournit un grain très-nourrissant pour l'homme. Les fanes fournissent aux bestiaux un fourrage peu abondant, mais très-nourrissant.

Semailles, soins d'entretien, récolte. — Après un labour et un hersage faits avant l'hiver, on sème les lentilles, pendant l'hiver, dans le Midi, et au

printemps dans le Nord et dans le Centre. Les semailles se font en lignes distantes de 50 centimètres
environ, à l'aide du semoir à brouette; on recouvre en
faisant passer une herse renversée. Il faut un hectolitre de semence par hectare. Pendant la végétation,
on bine et on butte à l'aide de la houe à cheval et du
buttoir. Quand les gousses commencent à brunir, on
arrache les plantes et on les laisse séjourner deux ou
trois jours sur le sol, on lie les tiges, on rentre et
on bat. Le rendement par hectare est en moyenne
de 16 hectolitres de grain et de 1,800 kilogrammes de
fourrage.

III. — PLANTES-RACINES.

Les plantes-racines sont des plantes dont la racine
est alimentaire ou garnie de tubercules alimentaires.
Les principales plantes-racines cultivées en grand
sont : la pomme de terre, la betterave, la carotte,
la rave, le chou-navet, le navet, le topinambour, la
patate.

Pomme de terre.

VARIÉTÉS DE POMMES DE
TERRE. — Il existe un nombre considérable de va-
riétés de pommes de terre.
On peut les répartir en trois
classes : 1° *patraques* ou
rondes (jaunes, roses, rouges, etc.); 2° *parmentières*

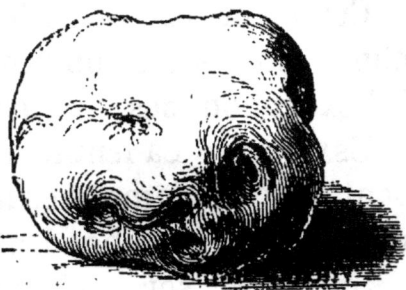

Patraque jaune ou ronde jaune.

ou *longues lisses*, de forme allongée, et offrant des yeux

peu nombreux et peu apparents (cornichon français,

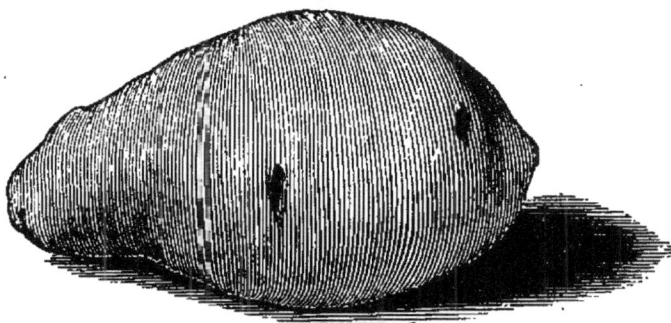

Parmentière rose cornichon français ou rouge longue lisse.

précieuse rouge, etc.) ; 3° *vitelottes* ou *longues entail-*

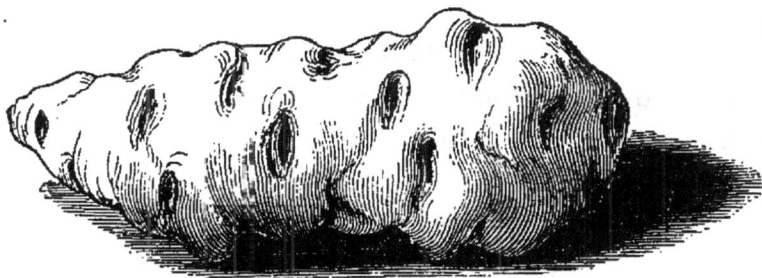

Vitelotte jaune imbriquée ou jaune longue entaillée.

lées, à forme allongée et offrant des yeux nombreux,

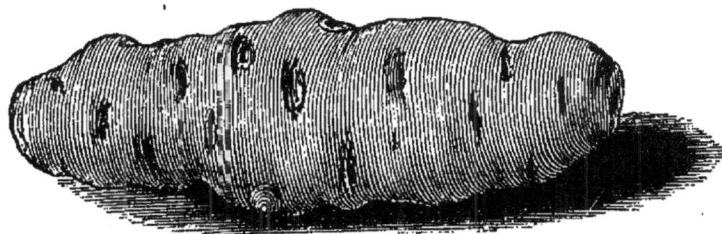

Vitelotte rouge longue de l'Indre ou rouge longue entaillée.

apparents et enfoncés profondément (jaunes longues
entaillées, rouges longues entaillées, etc.).

USAGES. — La pomme de terre rend les plus grands services pour l'alimentation de l'homme; en certains pays, par exemple, en Irlande, elle est presque l'unique aliment du peuple. Elle remplit également, crue ou cuite, un rôle important dans l'alimentation des animaux. Enfin, on en tire une excellente fécule, on en fait du sucre, de l'eau-de-vie, etc.

CLIMAT ET SOL. — La pomme de terre n'exige pas un climat très-chaud, et même les produits en sont plus abondants dans les climats tempérés que dans les contrées exposées à une trop grande sécheresse. Elle peut être cultivée dans tous les terrains; cependant elle préfère les sols légers ayant une consistance et une humidité moyenne, notamment les terres sableuses ou sablo-argileuses un peu humides. Le sol doit recevoir des labours profonds, quel que soit son degré d'humidité.

PLANTATION. — Chacun des tubercules de la plante nommée pomme de terre, et qui porte aussi le nom de pomme de terre, est une masse charnue qui se forme à la racine de la plante. Elle est pourvue d'un certain nombre d'yeux, qui, placés dans des conditions convenables, se développent en donnant naissance à de nouvelles masses charnues semblables à celle dont ils sortent. Il suffit donc, pour multiplier la pomme de terre, d'en confier à la terre les tubercules. Quand ces tubercules sont d'un prix élevé, on a essayé, pour la plantation, de couper les plus gros par fragments pourvus d'yeux; mais, comme ces yeux, en donnant naissance à de nouveaux individus, empruntent à la substance même du fragment ainsi obtenu les premiers éléments de leur végétation, il est facile de comprendre *a priori* que, ce fragment ne présentant qu'une faible substance nutritive, le produit est moins beau que quand on prend, pour la plantation, un tubercule entier; c'est, en effet, ce que l'expérience confirme. Il faut donc ne planter que des tubercules entiers, et, par la même raison, choisir les plus gros, ou tout au moins les moyens, et non pas prendre les plus petits par une économie mal entendue. On plante la pomme de terre à la main ou à la charrue. Pour planter à la main, quand le dernier labour est donné, un ouvrier suit la première raie, et, avec une bêche, une houe ou une pioche, il ouvre une série de petits trous, distants les uns des autres de 30 centimètres et profonds de 10 centimètres; un enfant suit cet ouvrier et dépose un tubercule dans chaque trou. Arrivé au bout de la première raie, il ouvre une nouvelle série de trous dans une raie distante de 30 centimètres de celle qui a déjà reçu la semence, et, avec la terre qu'il extrait des trous, il bouche ceux de la ligne précédente, et ainsi de suite. La plantation à la charrue se fait en ouvrant, avec la charrue même, des raies d'une profondeur de 10 centimètres, dans lesquelles des ouvriers placent des tubercules, à une distance de 30 centimètres en tous sens. On recouvre ensuite avec la charrue. Il faut environ 23 hectolitres de pommes de terre par hectare. L'époque de la plantation est la seconde quinzaine d'avril.

SOINS D'ENTRETIEN. — Dès que les pommes de terre sont levées, on donne deux binages successifs, le premier à l'aide d'une herse, le second avec la houe à cheval, ou, à défaut de houe à cheval, avec la houe à main. Après ces deux binages, on donne un buttage; cependant, suivant Mathieu de Dombasle, les pommes de terre buttées non-seulement ne produisent pas plus, mais produisent moins que les pommes de terre non buttées. Quelques-uns enlèvent les fleurs aussitôt qu'elles se montrent : il paraît que, par ce procédé, on obtient une légère augmentation de produit, mais qui compense à peine les frais du travail.

MALADIES DE LA POMME DE TERRE. — La pomme de terre est sujette à diverses maladies, dont les unes sont dues à des plantes parasites ou à des champignons microscopiques. Elle est sujette surtout à une maladie terrible, appelée *gangrène humide*, dont la cause n'est pas connue avec certitude, et qui, répandue depuis longtemps en Amérique, a éclaté en Europe en 1845. On n'a jusqu'à présent trouvé aucun préservatif certain contre la gangrène humide. On a proposé de plonger les tubercules destinés à la plantation dans un mélange de chaux, de sel et de sulfate de cuivre ; d'autres les plantent entre deux couches de poussier de charbon de bois. Ce qui est positif, c'est que les variétés précoces sont moins atteintes que les variétés tardives.

RÉCOLTE DE LA POMME DE TERRE. — A l'automne, les tiges et les feuilles se flétrissent. C'est là le moment d'arracher la pomme de terre. On profite d'un temps où le sol ne soit pas trop humide. On se sert soit d'une bêche ou d'une fourche, soit d'un buttoir, qui renverse la terre et les pommes de terre de chaque côté de l'ados. Après l'extraction des pommes de terre, on les transporte à la ferme dans des sacs. Le rendement moyen est d'environ 260 hectolitres par hectare.

MULTIPLICATION DE LA POMME DE TERRE PAR SEMIS. — Pour combattre la gangrène humide, on a essayé de reproduire la pomme de terre par semis de graines.

Des essais qu'on a fait, il résulte : 1° qu'on peut, de cette façon, obtenir des produits aussi abondants qu'en plantant des tubercules; 2° que ce procédé n'empêche pas la plante d'être atteinte par la maladie.

Betterave.

VARIÉTÉS. — La betterave commune présente plu-

Betterave commune.

Fruit de la betterave.

sieurs variétés, parmi lesquelles nous citerons la *bette-*

rave longue rose, disette, ou *betterave champêtre,* la *betterave longue rouge* (sous-variété de la précédente), la *betterave de Bassano,* la *betterave globe jaune,* la *betterave blanche de Silésie,* qui est la plus productive dans toutes les terres.

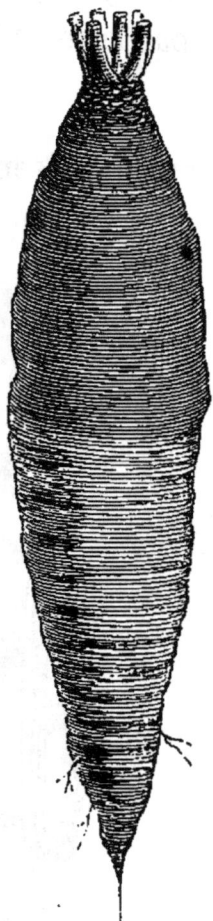

Betterave champêtre ou disette.   Betterave blanche de Silésie.

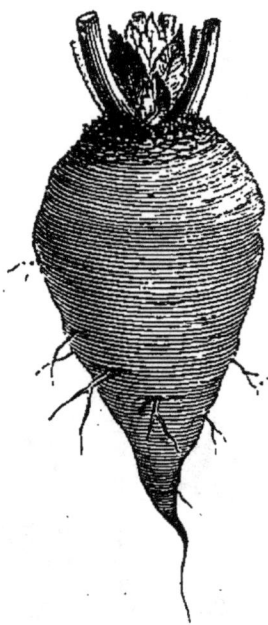

USAGES. — La betterave, qui n'était autrefois cultivée que dans les jardins et pour la nourriture de l'homme, est aujourd'hui cultivée en grand pour l'alimentation du bétail, pour la fabrication du sucre et pour la distillation.

CLIMAT ET SOL; PRÉPARATION DU SOL. — La betterave s'accommode des climats les plus variés et des sols les plus différents, tout en préférant les terrains légers et profonds. Le sol a besoin d'être soigneusement préparé. Après l'enlèvement de la récolte précédente, on retourne le sol avec l'extirpateur, puis on pratique deux hersages à quelque intervalle l'un de l'autre; on donne avant l'hiver deux labours, le premier profond, le second ordinaire, lesquels sont suivis de plusieurs hersages, pour bien ameublir et pulvériser la couche superficielle. Dans les terrains légers, au lieu de deux labours avant l'hiver, l'un profond, et l'autre ordinaire, on se contente d'un seul labour profond. La fumure doit être abondante. Les fumiers consommés sont préférables aux fumiers longs. Dans le Nord, on fait grand usage de l'engrais flamand; dans d'autres contrées, des urines employées en arrosement. Cependant il faut observer que les engrais animaux retardent la maturation de la racine.

SEMAILLES ET SOINS D'ENTRETIEN.— La semence récoltée doit être celle des fruits les plus beaux et les plus murs. On sème vers le milieu de mars, dans le Midi, et au commencement d'avril, dans le Nord. Les graines sont semées en lignes, soit à la main, soit au moyen du semoir à brouette. Tantôt on les sème après les avoir débarrassées de leurs enveloppes, tantôt avec leurs enveloppes. Dans le premier cas, il faut 5 kilogrammes par hectare, et dans le second cas, 8 kilogrammes. On réserve entre les lignes 50 à 60 centimètres, et entre les plants d'une même ligne, 30 centimètres. L'ensemencement est effectué au moyen d'une sorte de herse en bois, dans laquelle les dents sont remplacées par des branches d'épines, afin de n'enterrer que superficiellement les graines, après

quoi on pratique un plombage. Quand les feuilles ont
commencé à se montrer, on procède à un premier
sarclage, bientôt suivi d'un second, après lequel on
supprime les plants trop rapprochés. Dans le cours
de la végétation, on donne encore deux binages. Avant
la récolte, on peut enlever une partie des feuilles pour
nourrir les bestiaux.

REPIQUAGE. — On peut remplacer le semis à demeure
par le repiquage, qui, dans ce cas, s'exécute dans le
courant de mai, soit à la charrue, soit au plantoir. Le
plantoir flamand (page 89) est très-convenable pour
cet objet. Les soins d'entretien se bornent à trois binages, qui peuvent se donner avec la houe à cheval.

MALADIES DE LA BETTERAVE. — La betterave est sujette à plusieurs maladies : le *pied-chaud*, qui se manifeste dès le commencement de la croissance du plant
et l'arrête complétement ; la maladie causée par le *ver
gris*, qui s'attaque surtout aux betteraves très-fortement
fumées ; enfin, une maladie tout à fait analogue à la
gangrène humide de la pomme de terre. De plus, la
larve du hanneton est très-dangereuse pour la betterave : elle en flétrit les feuilles et en détruit le plant.

RÉCOLTE. — On récolte la betterave assez tard, généralement en décembre. On l'arrache en la tirant par
les feuilles. Certaines variétés exigent l'emploi de
la bêche. Mathieu de Dombasle a aussi imaginé une
charrue spéciale pour l'arrachage de cette plante. L'arrachage terminé, on coupe le sommet et l'extrémité
inférieure des racines, après quoi, on rentre les betteraves. Le rendement moyen est de 40,000 kilogrammes
de racines par hectare, outre 10,000 kilogrammes de
feuilles.

Carotte.

VARIÉTÉS DE CAROTTES. — Les variétés de carottes se rapportent à une seule espèce, la *carotte commune*.

Carotte commune.

Carotte blanche collet vert.

Les plus propres à la grande culture sont : la *carotte blanche à collet vert*, la *carotte rouge longue à collet vert*, la *carotte rouge de Flandre*, la *carotte blanche de Breteuil*, la *carotte blanche des Vosges*, la *carotte rouge d'Achicourt*, la *carotte jaune d'Achicourt*, la *carotte rouge d'Altringham*.

Usages. — La carotte est un aliment très-goûté de tous les animaux, notamment des chevaux et des moutons. A moitié cuite, elle engraisse rapidement les porcs.

Climat et sol. — La carotte peut se cultiver dans tous les climats de la France ; elle aime les sols légers, un peu humides, et soigneusement ameublis.

Semailles, soins d'entretien, récolte. — La carotte se sème au commencement de mars, en lignes, soit à la main, soit au semoir-brouette. Il faut 2 kilogrammes 1/2 de semence par hectare. Après l'ensemencement, on donne un hersage, puis, dans le cours de la végétation, on sarcle et l'on bine. On arrache sur la fin de septembre ou au commencement d'octobre, à la main ou avec la charrue spéciale qui s'emploie pour la betterave. L'arrachage terminé, on coupe le sommet et l'extrémité inférieure de la racine, on laisse sécher quelques jours, puis on rentre. Le rendement est de 685 kilogrammes par hectare.

Carotte rouge
d'Altringham.

Rave.

Variétés. — La rave, appelée aussi gros radis ou navet tendre, présente deux formes principales : la rave aplatie et la rave oblongue. La rave aplatie présente plusieurs variétés, entre autres la *rave aplatie globe vert*, la *rave aplatie jaune à tête verte*, la *rave aplatie globe rouge*, etc. La rave oblongue présente également plusieurs variétés, entre autres la *rave oblongue à tête verte*, la *rave oblongue blanche*.

Rave aplatie jaune
à tête verte.

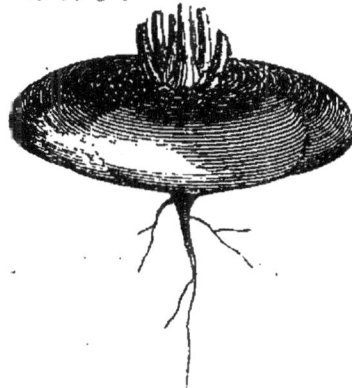

Rave aplatie globe
rouge.

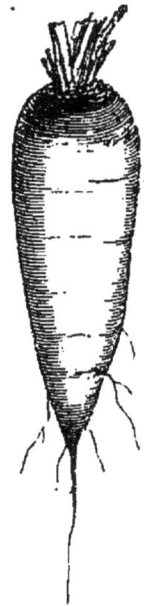

Rave oblongue
à tête verte.

USAGES. — La rave fait, dans quelques parties de la France, l'objet de la grande culture. En Angleterre et en Hollande, les racines de cette plante servent communément à l'alimentation et à l'engraissement des vaches, des moutons et de tous les bestiaux.

CLIMAT ET SOL. — La rave demande une atmosphère humide et un sol qui ne soit ni trop humide ni trop sec, mais de consistance moyenne.

SEMAILLES, SOINS D'ENTRETIEN, RÉCOLTE. — Au commencement de juin, dans le nord de la France, en juillet, dans le centre, en août dans le midi, on répand la fumure et on l'enterre à la charrue, puis on herse et on sème en lignes à l'aide du rayonneur et du semoir à brouette, et on recouvre avec une herse à branches d'épines. Il faut environ 2 kilogrammes de semence par hectare. Quand la rave commence à se montrer, on bine, on éclaircit, puis on donne de nouveaux binages. La maturité a lieu en octobre pour les raves semées en juin; elle a lieu en novembre, pour les raves semées en juillet et en août. On peut les faire consommer sur place par les bestiaux en faisant manger d'abord les feuilles, puis en arrachant les raves. On peut aussi, et c'est le procédé ordinaire, récolter les raves, les rentrer et les faire consommer à demeure par les bestiaux. L'arrachage a lieu à la charrue. Le rendement peut s'élever à 30,000 kilogrammes par hectare.

Chou-navet.

VARIÉTÉS DE CHOUX-NAVETS. — Le chou-navet, qui résulte du croisement du chou commun avec le navet, se nomme aussi navet de Suède ou rutabaga. On en distingue plusieurs variétés: *chou-navet à tête verte* ou *rutabaga ordinaire*, *chou-navet à tête pourpre* ou *rutabaga violet*, chou-navet commun de Laponie, chou-

Chou-navet.

navet hâtif, etc. Il ne faut pas confondre le chou-navet avec le chou-rave, qui est une variété du chou potager.

Usages. — Le chou-navet est 'préféré à toutes les

Racines et feuilles radicales du chou-navet.

plantes-racines pour l'engraissement des bestiaux, et il exerce notamment une influence favorable sur la production du lait.

Climat et sol. — Le chou-navet se plaît dans les climats humides. Tout en préférant les sols de consistance moyenne, il s'accommode assez bien des sols argileux, compactes et humides,

Semailles, soins d'entretien, récolte. — On sème la

graine à la volée dès la fin de février jusqu'en avril, et on la recouvre au râteau. Il faut environ 60 grammes de graines pour un are. Quand le plant a la grosseur du petit doigt, ce qui arrive de la fin de mai à la fin de juillet, on repique, après avoir fumé le sol, labouré et hersé. Quand le plant reprend, on donne un premier binage, et plus tard, un second et un troisième binages. En décembre, on récolte les choux-navets qui ont été repiqués les premiers, et on laisse les autres en terre jusqu'à la fin de février. Le rendement s'élève à environ 50,000 kilogrammes par hectare.

Navet.

Variétés de navets. — Le navet proprement dit se

Navet de Freneuse.   Navet de Martot.

nomme aussi navet sec par opposition à la rave ou navet tendre. Parmi les variétés propres à la grande culture, on peut citer le *navet de Freneuse*, le *navet de Martot*, le *navet des Sablons*.

USAGES. — Le navet peut servir à l'alimentation des animaux, mais ordinairement, il n'est cultivé, même en grand, que pour la nourriture de l'homme.

CLIMAT ET SOL. — Le navet aime un climat humide, et un sol ni trop humide ni trop sec, mais de consistance moyenne ; il vient bien dans les terres argileuses, pourvu qu'elles soient perméables.

SEMAILLES, SOINS D'ENTRETIEN, RÉCOLTE. — Après avoir fumé, labouré et hersé, on sème à la volée, dans la proportion de 3 kilogrammes de graines par hectare. Cet ensemencement se pratique de la mi-juin à la mi-août avec de la semence de deux ou trois ans. On donne un hersage et un roulage, et, quand les premières feuilles commencent à se montrer, on bine. La récolte a lieu à la fin de novembre. On arrache les navets à la main. Le rendement est de 10,000 kilogrammes par hectare.

Topinambour.

VARIÉTÉS. — Le topinambour a, comme la pomme de terre, des racines garnies de tubercules alimentaires. On cultive deux variétés de topinambour, le topinambour à tubercules rouges, et le topinambour à tubercules jaunes.

USAGES. — Les tubercules sont une bonne nourriture pour les vaches laitières, les chevaux, les moutons, les porcs, etc. Les tiges sont également un bon fourrage, soit fraîches, soit sèches, et on peut s'en servir comme combustible.

CLIMAT ET SOL. — Le topinambour s'accommode des

divers climats de la France, et de tous les sols, excepté de ceux qui ont une humidité excessive.

PLANTATION, SOINS D'ENTRETIEN, RÉCOLTE. — On plante les tubercules sur la fin de février ; on bine autant de fois qu'il est nécessaire pour détruire les mauvaises herbes, on donne un ou deux buttages et on récolte successivement les tiges et les tubercules. Dans la seconde moitié de septembre, on coupe les tiges avec une faucille, on les laisse sécher et on les rentre. La récolte des tubercules peut s'effectuer depuis le 20 octobre jusqu'au 15 avril. On

Topinambour.   Topinambour à tubercules rouges.

les déterre par les mêmes procédés que la pomme de terre. Le rendement moyen est par hectare de 7

8,000 kilogrammes de fanes sèches, et de 3 à 400 hectolitres de tubercules.

Topinambour à tubercules jaunes.

Patate.

Variétés. — La patate a, comme la pomme de terre et le topinambour, des racines garnies de tubercules alimentaires. Les principales variétés de patates cultivées en France sont : la *patate rouge*, la *patate jaune longue*, la *patate rose de Malaga*, la *patate igname*, etc.

Usages. — Les tubercules de la patate servent depuis longtemps à la nourriture de l'homme ; cependant une certaine saveur sucrée fait qu'elles ne sont employées que dans une mesure assez restreinte. Ces tubercules sont du reste mangés par tous les animaux

l'atate.

domestiques. Les tiges sont une bonne plante fourragère.

CLIMAT ET SOL. — La patate est peu difficile sur le

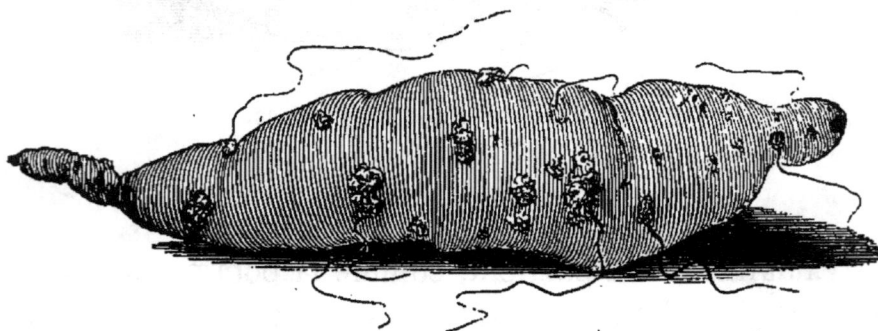

Patate rouge.

sol, mais elle exige une température élevée, et en
France, on ne peut la cultiver en plein champ que
dans le Midi.

PLANTATION, SOINS D'ENTRETIEN, RÉCOLTE. — La multiplication de la patate se fait au moyen des tubercules;

mais quand on plante des tubercules entiers ou en
gros fragments, il se produit une telle quantité de
racines qu'elles se nuisent réciproquement, en attirant
à elles toute la nourriture au détriment des nouveaux
tubercules que l'on a pour objet d'obtenir. Pour ne pas
tomber dans cet inconvénient, on détache les bourgeons des tubercules et on plante les bourgeons
mêmes. Cette plantation, pour le midi de la France, se
fait au mois de mai. Après la plantation, on donne un
binage, puis un buttage, puis un nouveau binage. La
récolte se fait du 20 septembre au 10 octobre. On coupe
d'abord les tiges, puis on enlève les tubercules avec la
bêche, on les laisse se ressuyer, on les rentre et on
les étend sur des claies. Le rendement est de 30 à
40,000 kilogrammes de tubercules par hectare.

IV. — PLANTES POTAGÈRES.

Les principales plantes potagères de grande culture
sont : l'artichaut, l'asperge, le chou, l'oignon, le
melon.

Artichaut.

VARIÉTÉS. — Les principales variétés d'artichauts
sont : l'*artichaut gros vert* ou *artichaut de Laon*, l'*artichaut gros camus de Bretagne*, l'*artichaut gros camus
violet*, l'*artichaut rouge fin*.

CLIMAT ET SOL. — L'artichaut s'accommode de tous
les climats de la France, et de tous les sols qui ne
sont ni excessivement secs, ni excessivement humides.
Dans les sols trop secs, il vient mal ; dans les sols trop
humides, il pourrit.

PLANTATION, SOINS D'ENTRETIEN, RÉCOLTE. — Au pied de
chaque artichaut, il se développe des rejetons ou œilletons. On détache (1) chacun de ces œilletons, en en

Artichaut.

laissant trois à la racine mère, et on les plante, soit à
l'automne, soit au printemps. En plantant à l'automne,
la reprise est plus facile, et l'on obtient des produits

(1) C'est ce que l'on appelle *œilletonner*, et non pas, comme
disent quelques-uns, *désœilletonner*.

assez abondants au printemps suivant; mais le froid
de l'hiver fait périr une partie des œilletons qui ont
repris, et les produits sont moins vigoureux. En plan-

Artichaut gros vert.   Artichaut gros camus de Bretagne.

tant au printemps, il faut arroser copieusement pour
assurer la reprise des œilletons; on récolte peu l'année
de la plantation, mais l'année suivante, on a des produits abondants et vigoureux. Les artichauts se plantent en lignes à 80 centimètres les uns des autres en
tous sens. On arrose, et surtout on bine, autant qu'il
est nécessaire pour maintenir la terre parfaitement
meuble. Au commencement de l'hiver, on coupe les
tiges à 20 centimètres du sol, et l'on butte, en couvrant chaque pied avec des feuilles, de la paille, etc.
Quand les gelées ont cessé, on découvre, on fume, on
laboure. La récolte a lieu au printemps et à l'automne.
L'artichaut est une plante vivace, mais à partir de la
quatrième année, les produits deviennent chétifs, et il
faut alors renouveler le plant, au moyen d'œilletons.

Asperge.

VARIÉTÉS D'ASPERGES. — Il y a deux variétés princi-
cipales d'asperges, l'*asperge verte*, et la *grosse violette*.

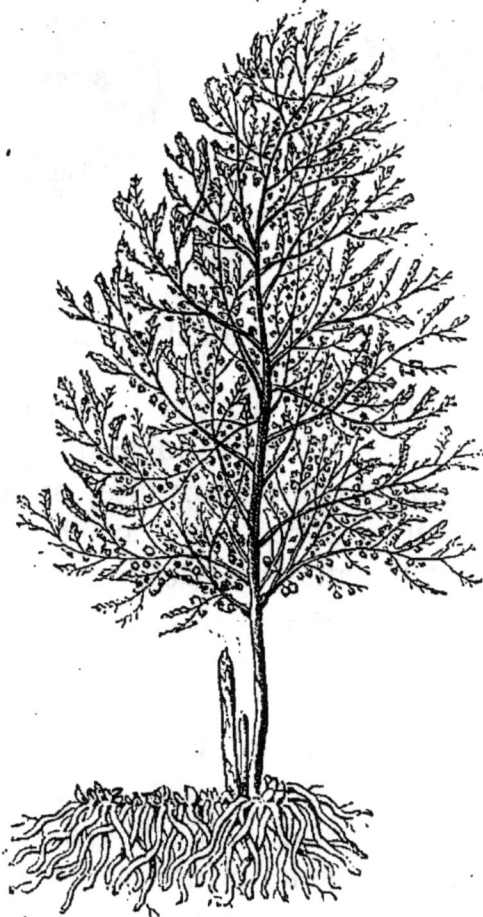

Asperge.

CLIMAT ET SOL. — L'asperge s'accommode de tous
les climats de la France; elle demande un sol léger
et profond.

PLANTATION, SOINS D'ENTRETIEN, RÉCOLTE. — Pour planter un terrain en asperges, on le défonce à une profondeur de 60 à 70 centimètres; on le partage en planches de 1 mètre 40 cent. séparées par des intervalles de 1 mètre. On vide les planches jusqu'à la profondeur à laquelle a été pratiqué le défoncement, et l'on dépose la terre dans les intervalles libres, ce qui distribue le terrain en fosses et en ados. Au fond de la fosse formée par chaque planche, on répand une couche de fumier bien consommé, d'environ 30 centimètres d'épaisseur, puis, sur cette couche de fumier, une couche de terre de 5 centimètres, prise sur les ados. La planche ainsi disposée, on ouvre des trous pour les plants d'asperges, de manière à y former trois lignes de plants. Dans chacun des trous, on dépose un jeune plant de deux ans préalablement obtenu en pépinière, en étendant bien les racines. Ces plants se nomment, dans le commerce, des *griffes* d'asperges. On entoure avec soin chaque griffe de terre avec la main. On couvre la planche avec de la terre bien ameublie, qui doit dépasser le sommet de la griffe de 5 à 6 centimètres. Cette plantation se fait à l'automne dans le Midi; au Nord et dans le Centre, elle se fait au printemps. La première année, on bine avec précaution et peu profondément, et à l'automne, on coupe les tiges sèches. La seconde année, on pratique des binages plus profonds, on charge la planche d'une couche de fumier consommé et d'une petite couche de terre prise sur l'ados, et à l'automne, on coupe les tiges sèches. La troisième année, on laboure à la pioche, au printemps et à l'automne. La quatrième année, c'est-à-dire après trois ans écoulés depuis l'année de la plantation, on récolte les asperges de chaque pied. Une plantation d'asperges bien établie dure plus de vingt ans. Les bandes de terre qui séparent les planches sont utilisées pour la culture des haricots, des pommes de terre, etc., et, dans certaines localités, pour la culture de la vigne.

Chou.

VARIÉTÉS DE CHOUX. — Les principales variétés de choux qui entrent dans la grande culture, pour la nour-

Chou de Milan.

riture de l'homme, sont le *chou de Milan,* dont les feuilles sont frisées et cloquées, et le *chou pommé,* ou *chou cabus,* ou *chou quintal d'Alsace.* Ce dernier est également cultivé comme plante fourragère. Outre le chou cabus on cultive aussi, comme plantes fourragères, le *chou cavalier* ou *grand chou à vaches,* le *chou branchu du Poitou,* etc.

CLIMAT ET SOL. — Le chou aime un climat humide, et une terre argileuse et profonde, fraîche, sans être trop humide.

Semailles, soins d'entretien, récolte. — On sème
les choux à raison de 260 grammes de semence par

Chou cabus ou chou quintal.

hectare. L'ensemencement se fait à la volée, du mois
de février au mois d'avril. Quant le plant a la grosseur
du petit doigt, ce qui arrive du 15 mai à la fin de juillet, on repique, après avoir répandu la fumure, labouré et hersé. Quand le plant commence à reprendre,
on donne un premier binage suivi bientôt après d'un
second, puis d'un troisième, si cela est nécessaire. On
donne ensuite successivement deux buttages. Le chou
de Milan, ne redoutant pas les gelées, est consommé
au fur et à mesure des besoins. Le chou cabus est
récolté à la fin de l'automne. Quant au chou cavalier,
au chou branchu du Poitou et aux autres variétés exclusivement cultivées comme plantes fourragères, les

feuilles inférieures commencent à jaunir au mois d'octobre ; dès cette époque et pendant tout l'hiver, on

Chou cavalier.

parcourt le champ, en enlevant successivement chaque jour la quantité de feuilles nécessaire à la consommation. Le rendement des choux est considérable. Il atteint 40,000 kilogrammes de feuilles et tiges par hectare.

Oignon.

VARIÉTÉS D'OIGNONS. — Les variétés d'oignons cultivées en grand sont principalement l'*oignon commun*,

Chou branchu du Poitou.

l'*oignon d'Espagne*, l'*oignon poire*, l'*oignon d'Égypte* ou *oignon rocambole*.

CLIMAT ET SOL. — L'oignon s'accommode de tous les climats de la France; il aime les terrains de consistance moyenne, frais et substantiels.

SEMAILLÉS, SOINS D'ENTRETIEN, RÉCOLTE. — Dans un sol bien ameubli et partagé en planches séparées par

Oignon commun.   Oignon d'Espagne.   Oignon piore.

de petits sentiers, on sème à la volée la graine d'oignon, en janvier, dans le Midi, et en mars dans le Nord. On roule avant l'ensemencement, on enterre la semence avec le râteau, et on roule de nouveau. Il faut environ 10 kilogrammes de semence par hectare. Quand les plants sont assez forts, on éclaircit, on sarcle et on bine. On peut aussi semer en pépinière, et transplanter, sur la fin de janvier, en repiquant les jeunes plants au plantoir. Dans tous les cas on arrache à l'automne, on laisse sécher et l'on rentre. Le rendement est en moyenne de 40,000 kilogrammes par hectare.

Melon.

VARIÉTÉS. — Les variétés de melons les plus répan-

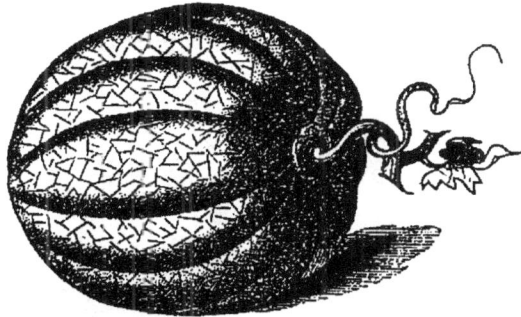

Melon maraîcher.

dues dans la grande culture sont : 1° le *melon brodé*, avec les sous-variétés désignées sous les noms de

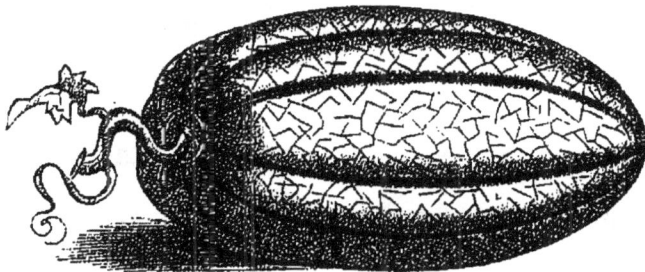

Melon de Honfleur.

melon maraîcher, de *melon sucré*, de *melon de Honfleur*; 2° le *melon Cantaloup*; 3° le *melon à peau unie*.

CLIMAT ET SOL. — Le melon demande une température élevée, une atmosphère humide, un terrain frais ou souvent arrosé.

CULTURE ET RÉCOLTE. — On sème les melons sur couche, pour les transplanter en pleine terre. On leur fait subir la taille, ne réservant que deux fruits par pied. On les

Melon cantaloup.

récolte quelques jours avant leur maturité complète. Près de Paris, le rendement moyen d'un hectare de melons semés sur couche et transplantés en pleine terre s'élève à 10,000 melons.

V. — PLANTES FOURRAGÈRES.

On entend par plantes fourragères les plantes spécialement destinées à former des prairies artificielles. Certaines plantes, qui n'ont pas cette destination spéciale, donnent néanmoins par leurs tiges, leurs fanes, leurs feuilles, etc., de bons fourrages verts et secs : telles sont, parmi les céréales, le seigle, l'orge, l'avoine, le maïs, le millet, le sorgho ; parmi les légumineuses, le pois gris, la lentille ; parmi les plantes-racines, la betterave, la carotte, la rave, le chou-navet, le topinambour, la patate; parmi les plantes potagères, le chou; parmi les plantes industrielles, le colza, la navette, la moutarde blanche. Ces trois dernières plantes seront étudiées au paragraphe suivant, *Plantes industrielles*; les autres plantes pouvant donner des fourrages verts ou secs, sans être destinées à former des prairies artificielles, ont été étudiées dans les paragraphes précédents. Occupons-nous ici des plantes fourragères proprement dites, c'est-à-dire des plantes spécialement destinées à former des prairies artificielles. Les principales de ces plantes sont : le trèfle, la luzerne, la lupuline, le sainfoin, la vesce, la gesse, le lupin, l'ajonc, la spergule, la chicorée sauvage.

Trèfle.

PRINCIPALES VARIÉTÉS DE TRÈFLE. — Les principales variétés de trèfle sont : le *trèfle rouge* ou *trèfle commun*, le *grand trèfle normand*, le *trèfle blanc*, le *trèfle incarnat*, le *trèfle hybride* ou *trèfle de Suède*, le *trèfle élégant*.

CLIMAT ET SOL. — Le trèfle aime les climats humides, les sols argileux ou argilo-calcaires, mais sans humidité stagnante. Une fois monté en tige, il craint le froid.

SEMAILLES, SOINS D'ENTRETIEN, RÉCOLTE. — On sème le trèfle dans une autre récolte déjà venue ou tout au moins d'une végétation plus rapide, particulièrement dans les céréales de printemps, et quelquefois dans les céréales d'hiver. On sème en février ou en mars, quelquefois à l'automne; mais, dans ce dernier cas, l'effet des gelées et des dégels peut détruire le trèfle

en soulevant la terre. La semence est répandue soit
immédiatement après que celle de la céréale a été enterrée, soit une dizaine de jours après. On herse très-
légèrement, puis on donne un roulage. La graine doit

Trèfle rouge.

être enterrée très-superficiellement. On emploie en
moyenne de 15 à 18 kilogrammes de semence par hectare. Quelque temps après, on pratique le plâtrage, le
soir ou le matin, à la rosée, par un temps calme et
couvert. Quand le trèfle s'est développé, on lui applique une fumure complémentaire, car, ainsi que nous
l'avons fait observer, page 32, le plâtre et les autres

engrais minéraux ne fournissant que des principes
minéraux, c'est-à-dire des éléments accessoires d'alimentation, on doit y joindre d'autres engrais renfermant les éléments essentiels à l'alimentation. Le trèfle
donne ordinairement deux coupes, qui se font à la

Trèfle blanc.

faux ; il se consomme soit comme fourrage vert, soit
comme fourrage sec. C'est la seconde année que le
trèfle donne le produit le plus abondant. Ce produit
est de 6 à 8,000 kilogrammes de fourrage sec par
hectare.

MÉTÉORISATION DES BESTIAUX. — Le trèfle vert, donné
aux vaches et moutons, produit souvent un accident
grave : l'animal est *météorisé,* c'est-à-dire que son abdomen est distendu par des flatuosités, et il périrait,
si l'on n'ouvrait une issue à ces flatuosités. Cela arrive,
notamment, quand le trèfle succède sans transition à
une nourriture sèche, ou quand il est mouillé par la
rosée, ou quand les animaux ont bu immédiatement
après avoir mangé ; cela arrive même, sans aucune

circonstance défavorable, quand les animaux ont mangé
avec trop d'avidité.

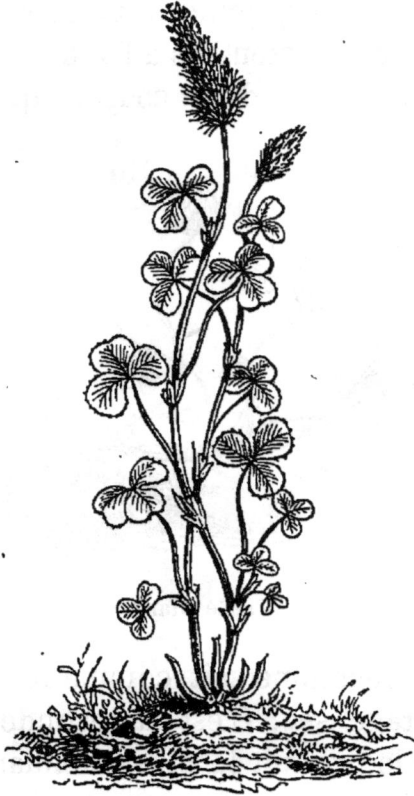

Trèfle incarnat.

Luzerne.

CLIMAT ET SOL. — La luzerne aime la chaleur et,
en même temps, une humidité modérée. Comme elle a
de très-longues racines, c'est surtout la perméabilité
du sous-sol qui est une condition essentielle pour la
réussite de la culture. Bien qu'elle soit très-productive,
et qu'elle puisse durer 12 ans sur le même terrain, elle
améliore le sol au lieu de l'épuiser.

Semailles, soins d'entretien, récolte. — La luzerne
se sème, soit au printemps, soit à l'automne, dans un

Luzerne.

sol qui a dû être ameubli le plus profondément possible, en raison de la longueur des racines de la
plante. Il faut environ 20 kilogrammes de semence
par hectare. On sème la luzerne soit seule, soit en l'as-
sociant, comme le trèfle, à une autre récolte. On
sarcle au moyen de la houe à main, à l'automne qui
suit l'ensemencement, et après la première coupe de
l'année suivante, c'est-à-dire de la deuxième année ;

plus, dès la fin de cette deuxième année, on donne deux forts hersages au scarificateur, et on les répète tous les ans. Tous les deux ans, on applique un demi-plâtrage. On récolte lorsque la luzerne commence à fleurir. On fait trois ou quatre coupes, et dans le Midi jusqu'à six coupes par an. On consomme la luzerne en vert ou en sec. Consommée en vert, elle peut, comme le trèfle, produire la météorisation. Le rendement peut varier de 5,000 à 12,000 kilogrammes de fourrage sec par hectare.

Lupuline.

CLIMAT ET SOL. — La lupuline, appelée aussi *luzerne lupuline*, *luzerne houblonnée*, *trèfle jaune*, *trèfle noir*, *minette*, demande un climat qui ne soit pas trop chaud. Elle réussit d'ailleurs à peu près dans tous les terrains.

SEMAILLES ET RÉCOLTE. — La lupuline se sème en février ou en mars, soit seule, soit associée au trèfle blanc. Si on la sème seule, il faut 15 kilogrammes de semence par hectare ; si on l'associe au trèfle blanc, on prend 7 kilo-

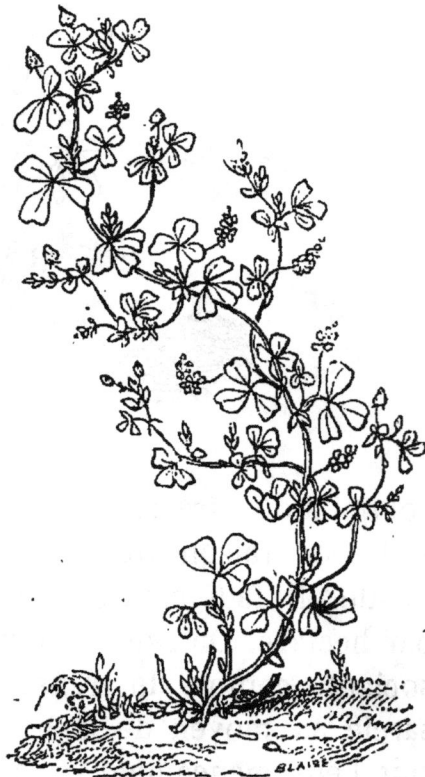

Lupuline.

11

grammes de semence de lupuline et 8 kilogrammes
de semence de trèfle blanc. On plâtre la lupuline
comme le trèfle. On rentre rarement la récolte : on la
fait pâturer par les moutons.

Sainfoin.

CLIMAT ET SOL. — Le sainfoin s'accommode de tous
les sols, pourvu qu'ils se laissent pénétrer par les

Sainfoin commun.

racines, et qu'ils ne retiennent pas l'humidité dans

leurs couches inférieures. Il redoute le froid, mais seulement dans les six premiers mois.

SEMAILLES ET RÉCOLTE. — On sème le sainfoin au printemps, soit seul, soit dans une céréale d'hiver, soit dans une céréale d'été semée clair. On sème très-dru. On pratique le plâtrage et on le répète tous les ans. On fait deux coupes, dont la seconde équivaut à peine au quart de la première. Le rendement des deux coupes est, par hectare, de 4,000 à 6,000 kilogrammes de fourrage sec. Le sainfoin dure de 4 à 7 ans.

Vesce.

VARIÉTÉS. — La vesce commune, la seule qui soit

Vesce commune

cultivée en grand, comprend trois varié'és : la *vesce*

de printemps, la *vesce blanche* ou *lentille du Canada* et la *vesce d'hiver*.

Usages. — La vesce est surtout cultivée comme fourrage; cependant on fait une assez grande consommation de la graine soit pour la nourriture des pigeons, soit pour l'engraissement des bœufs.

Climat et sol. — La vesce s'accommode de tous les climats et de tous les sols; cependant elle préfère les sols argileux qui ne renferment pas un excès d'humidité.

Semailles et récolte. — La vesce de printemps et la vesce blanche se sèment dès le commencement de mars. Il faut 1 hectolitre 1/2 de semence par hectare. La vesce d'hiver se sème en automne. Il faut 1 hectolitre de semence par hectare. La vesce est semée à la volée sur un terrain nouvellement hersé et

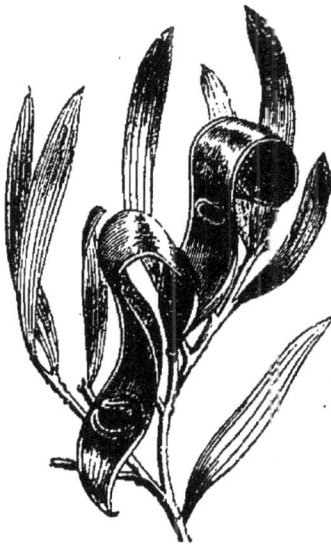

Gesse cultivée (la tige).   (la gousse.)

recouverte à l'aide d'un second hersage. La récolte se

fait quand les cosses commencent à se former, si l'on veut en faire du fourrage sec. La vesce est coupée avec la faux. On laisse sécher sur le sol, puis on rentre et on bat au fléau. Le rendement est d'environ 5,000 kilogrammes de fourrage sec par hectare. Si la vesce doit être mangée en vert, on la coupe lorsqu'elle est en fleur.

Gesse.

VARIÉTÉS. — On distingue la *gesse cultivée* ou

Jarousse ou pois cornu (le pois).

gesse commune, appelée aussi *pois carré* ou *lentille d'Espagne*, et la *gesse chiche* appelée aussi *jarousse*, ou *pois cornu*.

USAGES. — L'une et l'autre produisent un excellent fourrage, et c'est surtout comme plantes fourragères qu'elles sont cultivées; cependant on peut manger les graines de la gesse commune en vert ou en sec sous forme

Jarousse ou pois cornu (la tige).

de purée. Au contraire, les graines de la jarousse sont regardées comme dangereuses pour l'alimentation.

CLIMAT ET SOL. — La gesse réussit à peu près sur

tous les sols, même les plus pauvres, et supporte facilement le froid.

SEMAILLES ET RÉCOLTE. — Dans le Midi, on sème la gesse en automne; au Nord et dans le Centre, on attend au printemps. On emploie 2 à 3 hectolitres de semence par hectare. Si l'on veut en faire du fourrage sec, on attend que les cosses commencent à se former; si l'on veut en faire du fourrage vert, on coupe à l'époque de la floraison.

.Lupin.

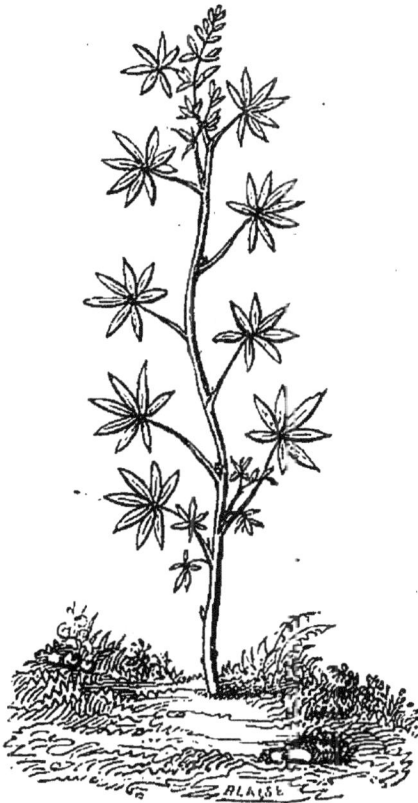 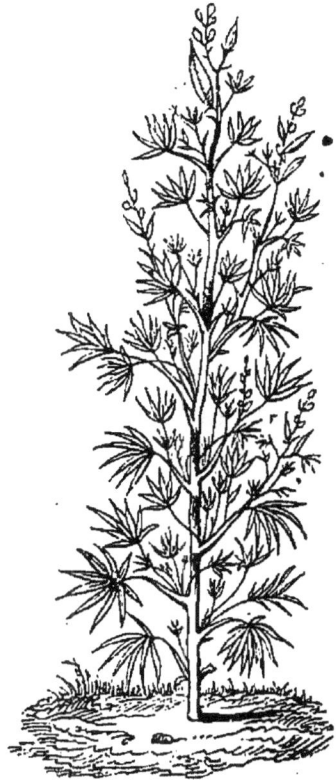

Lupin blanc.   •Lupin à feuilles étroites.

VARIÉTÉS. — On cultive surtout le *lupin blanc* ou

fève de loup, et le *lupin à feuilles étroites* ou *lupin à café*.

CLIMAT ET SOL. — Le lupin ne vient bien que dans le Midi. Il aime les terrains légers et sableux.

SEMAILLES ET RÉCOLTE. — On sème à l'automne, et on livre au pâturage, aussitôt que les premières feuilles commencent à paraître.

Ajonc.

CLIMAT ET SOL. — L'ajonc ou jonc marin s'accommode de tous les climats; il aime les argiles profondes, et se contente néanmoins des terrains siliceux et un peu frais.

SEMAILLES ET RÉCOLTE. — On sème l'ajonc au printemps, en répandant la semence à la volée dans une céréale d'hiver, puis on donne un hersage. Il faut environ 15 kilogrammes de semence par hectare. On peut faucher tous les ans, et préférablement, tous les deux ans. Le rendement est d'environ 20,000 kilogrammes de fourrage vert par hectare. L'ajonc croît

Ajonc.

d'ailleurs naturellement dans les lieux stériles.

Spergule.

VARIÉTÉS. — On distingue la *spergule des champs*, qui s'élève à une faible hauteur, et la *spergule géante*, dont les tiges dépassent souvent 1 mètre. C'est la spergule des champs qui est soumise à la culture.

CLIMAT ET SOL. — Pour que les tiges de la spergule des champs atteignent une hauteur suffisante, il faut un climat humide et pluvieux, et un sol sableux ou sablo-argileux.

SEMAILLES ET RÉCOLTE. — La spergule se sème au commencement de mars, dans la proportion de 15 kilogrammes par hectare ; on herse avant et après l'ensemencement, puis on donne un roulage. La spergule peut être pâturée, où

Spergule des champs.

consommée en vert à l'étable, ou convertie en fourrage sec. Le rendement est d'un peu plus de 3,000 kilogrammes de fourrage sec par hectare.

Chicorée sauvage.

VARIÉTÉS ET USAGES. — Il faut distinguer la chicorée sauvage, cultivée comme fourrage, et une sous-variété de celle-ci appelée chicorée à café. L'une est utilisée

pour la nourriture des moutons et des porcs ; l'autre
est cultivée pour sa racine, qui, torréfiée et moulue,
fournit une infusion analogue à celle du café.

Chicorée sauvage.

CLIMAT ET SOL. — Ces deux variétés de chicorée sont
l'une et l'autre peu difficiles quant au climat et au sol,
pourvu que celui-ci soit profond.

SEMAILLES ET RÉCOLTE. — Les semailles se font au
printemps et à la volée, dans la proportion de 12 kilo-

grammes de semence par hectare pour la chicorée sauvage et de 5 kilogrammes pour la chicorée à café. On peut obtenir de la chicorée sauvage trois coupes par année. Quant à la chicorée à café, après avoir fauché les feuilles et les tiges que l'on fait pâturer sur place, on arrache les racines, on les fait dessécher par des procédés spéciaux, on les conserve dans des greniers sous le nom de cossettes, et le fabricant de café-chicorée les torréfie, au fur et à mesure de ses besoins.

VI. — PLANTES INDUSTRIELLES.

On désigne sous le nom de plantes industrielles celles dont les produits sont transformés en produits destinés à l'industrie. Elles comprennent : — a) les plantes oléagineuses ou plantes dont le produit est transformé en huile ; — b) les plantes textiles ou plantes dont le produit sert à la confection des tissus ; — c) les plantes tinctoriales ou plantes dont le produit est utilisé pour la teinture ; — d) un certain nombre d'autres plantes qui ne rentrent dans aucune des trois catégories précédentes, et qu'on appelle plantes économiques.

a) **Plantes oléagineuses.**

Les principales plantes oléagineuses cultivées en France sont : le colza, la navette, la caméline, le pavot, la moutarde blanche, le sésame, l'arachide.

Colza.

VARIÉTÉS DE COLZA. — Il y a deux variétés de colza : le *colza d'hiver* et le *colza de printemps*, qui est

employé souvent à remplacer le colza d'hiver détruit
par les gelées.

CLIMAT ET SOL. — Le colza aime les climats humides,
mais il s'accommode néanmoins de tous les climats de
la France. Il s'accom-
mode également de tous
les sols, pourvu qu'ils
ne soient pas imper-
méables.

SEMAILLES, SOINS D'EN-
TRETIEN ET RÉCOLTE DU
COLZA D'HIVER. — Vers le
15 août dans le Nord, et
sur la fin de septembre
dans le Midi, on sème
en lignes; les tiges doi-
vent être espacées de
25 à 50 centimètres, sui-
vant que les façons sont
faites à bras ou avec la
houe à cheval. Dans le
premier cas, il faut en-
viron 4 kilogrammes de
semence par hectare;
dans le second, il suffit
de 2 kilogrammes. On
bine, on éclaircit, on

Colza.

butte légèrement; au printemps suivant, nouveau binage et nouveau buttage. Lorsque les feuilles sont flé-
tries, ce qui arrive en juin ou juillet, on coupe le
colza avec une faucille, à environ 10 centimètres du
sol; on le met en javelles qu'on retourne, et, quand

elles sont sèches, on rentre et on bat. Le rendement moyen èst de 40 hectolitres par hectare. Les tourteaux ou marcs qui restent après l'extraction de l'huile sont un excellent engrais. Au lieu de semer à demeure, on peut aussi semer en pépinière, puis repiquer avec la charrue, ou ce qui est plus long, mais préférable, à l'aide du plantoir flamand.

COLZA DE PRINTEMPS. — Le colza de printemps ne se repique pas; il se sème toujours à demeure, soit en lignes, soit à la volée, dans la proportion de 3 kilogrammes par hectare. Le rendement, plus faible que celui du colza d'hiver, est d'environ 25 hectolitres par hectare.

Navette.

VARIÉTÉS DE NAVETTE. — On distingue la *navette d'hiver*, la *navette d'été*, et la *navette dauphinoise* ou *ravette*.

CLIMAT ET SOL. — La navette vient dans tous les climats secs ou humides; mais comme elle est moins productive que le colza, qui se plaît dans les climats humides, on la cultive ordinairement dans les climats secs et élevés. Elle préfère les terrains légers et calcaires.

SEMAILLES, SOINS D'ENTRETIEN, RÉCOLTE. — Après que le sol est débarrassé de la récolte des céréales, on sème la navette d'hiver et la navette dauphinoise; la navette d'été se sème plus tôt, en avril ou en mai. Pour les deux premières sortes, la proportion de semence est de 4 kilogrammes par hectare; elle est de 5 kilogrammes pour celle d'été. Après l'ensemencement, on herse, on roule, ensuite on sarcle et on éclaircit. La

récolte de la navette d'été a lieu deux mois après l'ensemencement ; celle de la navette d'hiver et de la navette dauphinoise a lieu en juin ou en juillet. Le
rendement moyen, par hectare, est pour celles-ci de
25 hectolitres, et pour la navette d'été, de 18 hectolitres. Les tourteaux ou marcs sont utilisés comme
engrais, de même que les tourteaux de colza.

Caméline.

CLIMAT ET SOL. — La caméline est celle de toutes les
plantes oléagineuses qui
s'accommode le mieux
de tous les climats et de
tous les sols ; cependant
elle se plaît surtout dans
les sols sableux.

SEMAILLES ET RÉCOLTE.
— On sème à la volée
en juin ou juillet, dans
la proportion de 5 ki-
logrammes par hectare.
On recouvre à la herse.
Un peu plus tard, on
éclaircit. On scie ou on
arrache, quand la sili-
cule (l'enveloppe de la
graine) commence à
jaunir. Le rendement
moyen est de 22 kilo-
grammes par hectare.

Caméline.

Les tourteaux de caméline sont utilisés comme engrais, et les tiges de la plante servent à faire des balais.

Pavot.

VARIÉTÉS DE PAVOT. — Le pavot ou œillette offre trois variétés principales : le *pavot commun* ou *à graines grises*, le *pavot aveugle* et le *pavot blanc*.

CLIMAT ET SOL. — Le pavot s'accommode de tous les climats de la France ; il se plaît dans les terres légères et sablo-argileuses et dans toutes les terres dont le sous-sol est très-perméable ; il réclame une fumure très-abondante.

SEMAILLES, SOINS D'ENTRETIEN, RÉCOLTE. — Le pavot se sème en février ou en mars, et, au plus tard, au commencement d'avril. L'ensemencement se fait à la volée. Il faut environ 2 kilogrammes 1/2 de semence par hectare. Quand on commence à distinguer les jeunes plantes, on éclaircit, on bine, on nettoie ; puis, s'il fait un temps sec, on roule ; quelque temps après, on bine, on nettoie de nouveau, on supprime les pavots superflus ; enfin on donne un troisième binage, et on ameublit de nouveau le sol. Lorsque les capsules com-

Pavot.

mencent à s'ouvrir, on arrache les tiges avec précaution, pour ne pas répandre la graine. Pour les faire sécher, on en forme des chaînes. Quand la maturité a fait ouvrir toutes les capsules, on extrait la graine en frappant les tiges avec de petits bâtons. Le rendement du pavot est en moyenne de 20 hectolitres par hectare. On en retire 30 à 40 0/0 d'une assez bonne huile connue sous le nom d'*huile d'œillette*. On cultive aussi le pavot pour l'opium. Quand la capsule jaunit, on y pratique des incisions, d'où s'écoule un suc qui s'épaissit rapidement, et se transforme en une matière résineuse, qui est l'opium du commerce..

Moutarde blanche.

La moutarde blanche est quelquefois cultivée comme plante oléagineuse. On la sème en avril. On bine, on éclaircit et, quand la tige commence à jaunir, on récolte. Le rendement ne dépasse guère 15 hectolitres par hectare. On en tire environ 3 0/0 d'huile. La moutarde blanche exige une terre richement fumée.

Moutarde blanche.

Sésame.

Le sésame demande une température élevée, un sol de consistance moyenne et abondamment fumé. On sème dans la fin de mai. Il faut environ 19 litres par hectare. On irrigue ensuite par infiltration au moyen de petits fossés qui séparent les planches entre lesquelles a été réparti le terrain. On répète plusieurs fois l'irrigation. On coupe les tiges quand elles jaunissent, on les porte en gerbes sur une aire, et quand elles sont sèches, on égrène en frappant avec des bâtons. Le sésame peut rendre 20 à 25 hectolitres par hectare. On en obtient 50 0/0 d'huile.

Sésame.

Arachide.

L'arachide est surtout cultivée en Espagne. Cette plante peut produire 500 kilogrammes de graines par hectare, on en obtient 30 à 35 0/0 d'une huile employée pour l'éclairage et les savonneries.

b) **Plantes textiles.**

Les plantes textiles cultivées en France sont au nombre de deux seulement : le lin et le chanvre.

Lin.

VARIÉTÉS DE LIN. — Il y a deux variétés principales de lin : 1° le *lin d'hiver* ou *lin chaud,* plus recherché pour la production des semences que pour la filasse ; 2° le *lin d'été* ou *lin froid,* cultivé de préférence au lin d'hiver pour la filasse : il présente trois sous-vaviétés : *lin commun, lin de Riga, lin à fleurs blanches.*

CLIMAT ET SOL. — Le lin s'accommode de tous les climats de la France. Il se plaît dans tous les terrains de consistance moyenne, un peu frais et profondément ameublis.

SEMAILLES, SOINS D'ENTRETIEN, RÉCOLTE. — Le lin d'hiver se sème à l'automne ; le lin d'été se sème en mars dans

Lin.

le Midi, et en mai dans le Nord. On répand la semence à la volée. Quand on sème en vue du rendement en graine, ce qui se fait rarement en France, il

faut 150 kilogrammes de semence par hectare ; quand
on sème en vue du rendement en filasse, ce qui se fait
presque toujours en France, il faut de 200 à 250 kilogrammes. Le lin cultivé pour la filasse, appelé *lin en
doux*, arrive ordinairement en maturité vers la fin de
juin. Les feuilles alors commencent à jaunir et le moment est venu d'arracher. A mesure qu'on arrache, et
tout en avançant dans ce travail, on lie le lin en petits
paquets qu'on couche à plat sur le sol.

ROUISSAGE. — La couche fibreuse est adhérente à la
partie ligneuse, par l'effet d'une sorte de gomme qu'il
faut détruire. On y arrive soit par le rouissage sur terre
ou rosage, soit par le rouissage à l'eau ou rouissage
proprement dit. Le rosage se fait en étendant le lin
sur une prairie par couches minces. Au bout de
quinze jours à un mois selon les circonstances atmosphériques, les alternatives d'humidité et de soleil ont
suffisamment agi du côté qui touche le gazon; on retourne alors le lin, et on le laisse dans cette nouvelle
position pendant une nouvelle période de deux à trois
semaines et jusqu'à ce qu'on reconnaisse que les fibres
se détachent facilement. On forme alors avec le lin des
faisceaux coniques qui sèchent en peu de temps, et,
lorsqu'il est sec, on le met en bottes. Le rouissage à
l'eau, ou rouissage proprement dit, consiste à plonger
dans l'eau le chanvre lié en gerbes qu'on maintient
debout, le sommet en haut, et qu'on laisse dans cet
état jusqu'à ce que la fermentation ait détruit la matière gommeuse. Au bout d'un très-petit nombre de
jours, on voit que les fibres peuvent se détacher :
alors on enlève le lin; on l'étend sur l'herbe, on le
retourne, et quand il est sec, on le lie en bottes.

TEILLAGE. — Le teillage a pour objet de séparer la partie fibreuse ou filasse de la partie ligneuse ou chènevotte. On commence par écraser, avec une pièce de bois dur appelée *battoir*, le lin étendu sur une aire plane ; cette première opération est le *macquage*. Ensuite, avec une sorte de hachoir en bois dur, appelé *écangue*, qui frappe sur une échancrure pratiquée dans la *planche à écanguer*, on détache la chènevotte des tiges passées dans l'échancrure, de manière qu'il ne reste que la filasse. On se sert aussi de machines, *machines à teiller*, beaucoup plus puissantes, mais dont la cherté rend l'emploi assez rare.

SÉRANÇAGE. — Le sérançage ou peignage a pour objet d'enlever les traces de la matière gommeuse qui salit la filasse et de l'apurer. Cette opération consiste à passer chaque poignée de lin entre des dents ou pointes métalliques fixées sur une planche, et formant une sorte de peigne ou *séran*.

RENDEMENT. — Le rendement du lin par hectare varie de 340 à 500 kilogrammes de filasse. Quant à la production en graines, elle est très-variable, et augmente à mesure que la proportion de filasse diminue.

LE LIN CONSIDÉRÉ COMME PLANTE OLÉAGINEUSE. — On extrait de la graine de lin 35 0/0 d'une huile employée dans les vernis. Cette huile entre aussi dans la composition de l'encre d'imprimerie et dans diverses autres préparations.

Chanvre.

VARIÉTÉS DE CHANVRE. — Il y a deux variétés principales de chanvre : le *chanvre commun* et le *chanvre de Bologne*, dont la filasse est plus grosse et plus forte.

CLIMAT ET SOL. — Le chanvre s'accommode des climats les plus divers, tout en préférant les climats

Pied de chanvre.

doux et humides. Il aime les sols de consistance moyenne, qui offrent de la fraîcheur, mais sans excès d'humidité.

SEMAILLES, SOINS D'ENTRETIEN, RÉCOLTE. — Le chanvre se sème vers la fin d'avril. La quantité de semence varie selon la qualité de filasse qu'on veut obtenir,

3 hectolitres par hectare, pour obtenir de gros chanvre, et 4 hectolitres pour du chanvre fin. On sème dans

Chanvre mâle.

des sillons faits à la houe à main, on recouvre et on

roule. Dès que le chanvre est levé, on sarcle, on bine, et on éclaircit ; un peu plus tard, on sarcle, on bine

Chanvre femelle.

et on éclaircit une seconde fois. On fait la récolte, quand les pieds mâles (1) sont défleuris, ce qui arrive au mois de juillet. On arrache les tiges, on en forme

---

(1) Les pieds *mâles* sont ceux qui ne portent pas de fruit, et les pieds *femelles* sont ceux qui portent le fruit. En Lorraine et ailleurs, on confond fautivement ces dénominations, en appelant chanvre *mâle* le chanvre *femelle* et réciproquement.

des poignées dont on courbe les deux extrémités, puis on en fait des gerbes et on met rouir. On peut aussi récolter d'abord les pieds mâles, et six semaines après, les pieds femelles. On met ces derniers en faisceaux, la graine achève de murir, et on en extrait cette graine par le battage.

Rouissage. — On distingue comme ponr le lin, le rouissage sur terre ou rosage et le rouissage à l'eau ou rouissage proprement dit. Le premier procédé donne un chanvre gris; le second donne un chanvre blanc jaunâtre.

Teillage. — On commence par battre les tiges du chanvre en les frappant sur un billot avec un lourd maillet de bois. Ensuite, on passe la filasse entre les deux mâchoires de la *broye*.

Rendement. — Le rendement du chanvre en filasse peut s'élever à 1,000 kilogrammes par hectare.

Le chanvre considéré comme plante oléagineuse.— On extrait de la graine du chanvre (chènevis), une huile utilisée dans les filatures et dans diverses préparations.

c) **Plantes tinctoriales.**

Les principales plantes tinctoriales cultivées en France sont : la garance, la gaude, le safran, le carthame, le pastel.

Garance.

Usages de la garance. — La garance est une plante vivace, dont la racine fournit une teinture rouge très-solide ; de plus, la tige de la garance fournit un bon fourrage.

CLIMAT ET SOL. — La garance s'accommode de tous les climats, et aime les terrains légers, meubles, profonds, homogènes dans toutes leurs parties et abondamment fumés.

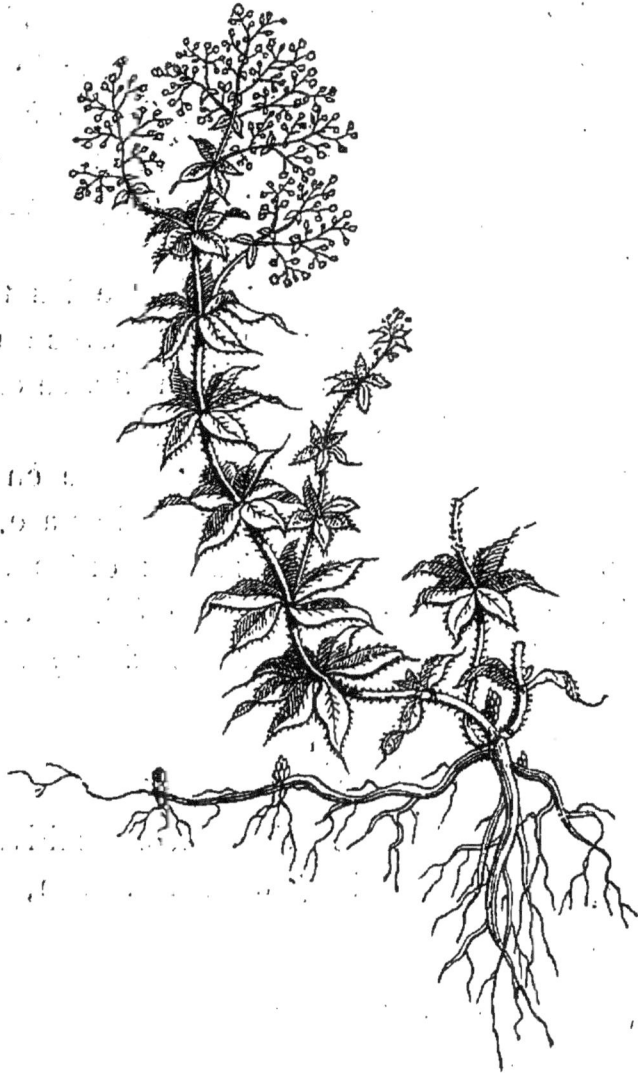

Garance.

SEMAILLES, SOINS D'ENTRETIEN, RÉCOLTE. — La garance se sème de la fin de février au commencement d'avril,

en planches, dans des raies faites suivant la longueur
des planches, avec une houe à main. Il faut de 70 à
80 kilogrammes de semence par hectare. Dès que les
jeunes plantes sont sorties de terre, on sarcle, on répand sur les planches une légère couche de terre
prise dans les sentiers qui les séparent; pendant l'été,
on sarcle une seconde et une troisième fois, en recouvrant d'une couche de terre. Au mois de novembre,
on répand une nouvelle couche de terre prise dans
les sentiers qui séparent les planches, sentiers qui,
par suite, se creusent de plus en plus. Au printemps
de la seconde année, nouveau sarclage. Vers la fin de
l'été (seconde année), on fauche les tiges au moment
de la floraison pour en faire du fourrage. Cependant,
si l'on tient au produit en graines, on coupe un peu
plus tard. Les fanes qui restent après le battage des
graines peuvent encore être utilisées comme fourrage,
mais elles ont une bien moindre valeur que les tiges
fauchées en fleur. Au mois de novembre (seconde année), nouvelle couche de terre sur les plantes. Dans
l'été de la troisième année, on fauche de nouveau les
tiges, soit pour obtenir du fourrage, soit pour obtenir
de la graine; puis, sur la fin d'août et au commencement de septembre, on arrache la garance. A mesure
que les racines sont extraites, on les transporte sur
l'aire, on les empaquète, et on les conserve jusqu'au
moment de la vente. Les racines étant vivaces, au lieu
de faire la récolte la troisième année, on pourrait
attendre la quatrième, la cinquième, la sixième année,
et la grosseur s'en accroîtrait en même temps que la
proportion des principes colorants qu'elles renferment; mais cette augmentation ne compenserait pas le

12

loyer de la terre. Souvent même on arrache la seconde année.

TRANSPLANTATION. — Au lieu de semer à demeure, on peut semer en pépinière à la volée et très-serré, puis transplanter au bout d'un an, en novembre dans le Midi, en mars dans le Nord.

RENDEMENT. — Le rendement de la garance est fort variable. Dans un bon sol ordinaire, le produit d'une récolte de troisième année peut s'élever de 3 à 4,000 kilogrammes de racines sèches par hectare.

Gaude.

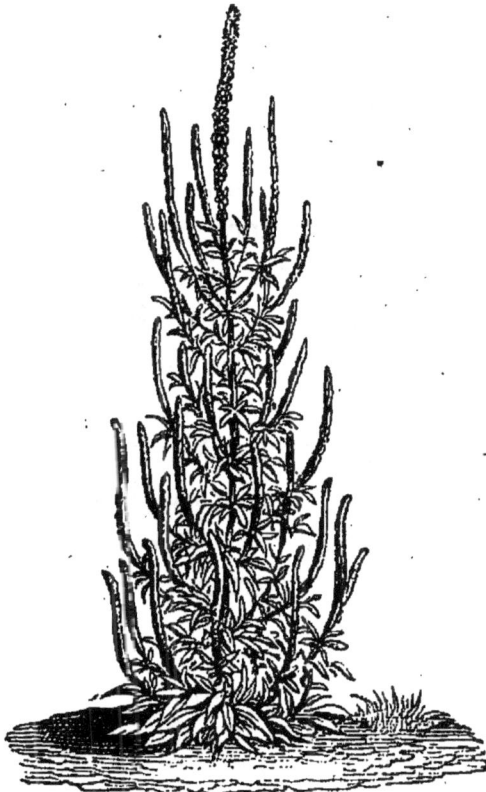

Pied de gaude.

VARIÉTÉS. — Il y a deux variétés de gaude : la

gaude de printemps et la *gaude d'automne*, qui est ordinairement préférée comme plus précoce et plus
productive.

USAGES. — La gaude renferme, dans la partie supérieure de ses tiges, un principe colorant jaune, qui
donne, en teinture, des nuances difficilement alté-
rables. De plus la gaude peut s'utiliser comme plante
oléagineuse, les graines fournissant une huile à brûler.

CLIMAT ET SOL. — La gaude s'accommode de tous les
climats, et à peu près de tous les sols. Dans les argiles
compactes, elle croît bien, mais renferme peu de principes colorants.

SEMAILLES, SOINS D'ENTRETIEN, RÉCOLTE. — La gaude
d'automne se sème en juillet et en août, dans la proportion de 4 kilogrammes par hectare. La gaude de
printemps se sème en mars dans la proportion de
5 kilogrammes par hectare. L'ensemencement se fait
à la volée. On sarcle, on bine, on éclaircit lorsque les
plantes sortent de terre. On récolte quand toutes les
fleurs sont développées, ce qui arrive en juillet pour
la gaude d'automne, et en septembre pour la gaude
de printemps. On arrache à la main, on fait sécher les
tiges, on les bat, on en extrait l'huile, puis on les lie en
bottes. Le rendement est très-variable. On peut obtenir
de 1,000 à 3,000 kilogrammes de tiges sèches par
hectare.

Safran.

USAGES DU SAFRAN. — Le produit utile du safran est
le stigmate, qui fournit un jaune doré assez peu solide,
mais dont tirent parti les distillateurs, les confiseurs

et les pâtissiers. Les fanes du safran sont une bonne nourriture pour les vaches.

CLIMAT ET SOL. — Le safran s'accommode des climats les plus variés, redoutant seulement les hivers rudes. Les terres de consistance et d'humidité moyennes sont celles où il se plait le mieux.

PLANTATION, SOINS D'ENTRETIEN, RÉCOLTE. — Le safran se multiplie par le moyen de ses bulbes ou oignons. On les plante du commencement de juin à la fin d'août, dans des rigoles tracées au cordeau, en recouvrant chaque rigole avec la terre enlevée pour faire la rigole voisine. Il faut par hectare de 5 à 600,000 bulbes formant un volume d'environ 25 hectolitres. Quand les jeunes pousses apparaissent, on donne un binage ; au printemps de la seconde année, nouveau binage. Pendant l'été de cette seconde année, on coupe les feuilles pour les donner aux vaches laitières, après quoi on laboure à la houe entre les lignes, et quelque temps après, on bine encore. Pendant la troisième année, mêmes opérations que pendant la seconde, après quoi on arrache la safranière.

Safran.

Tous les ans, on cueille les fleurs, au fur et à mesure qu'elles s'épanouissent ; chaque jour, on sépare le stigmate du restant de la fleur, puis on fait sécher ces stigmates, soit en les exposant au soleil, soit en les exposant au-dessus d'un feu de charbon. Le rende-

ment le plus considérable est celui de la troisième année, et le rendement annuel moyen est d'environ
70 kilogrammes de safran sec par hectare.

Carthame.

Usages. — Le carthame, appelé aussi faux safran ou
safran bâtard, est cultivé pour
sa fleur, qui renferme trois
principes colorants, deux jaunes, qui ne sont pas utilisés,
et un troisième principe colorant, appelé *carthamine*, qui
est rouge et utilisé par les tein-
turiers. C'est avec la carthamine que l'on compose le *fard*
pour la toilette des dames.
Les graines sont mangées par
les oiseaux et surtout par les
perroquets. Enfin la tige est
mangée par les chèvres et les
moutons.

Climat et sol. — Le car-
thame aime un climat chaud
et ne peut être cultivé en
France que dans le Midi. Il a
besoin d'un sol très-profond
et sans excès d'humidité.

Carthame.

Semailles, soins d'entretien, récolte. — On sème
au printemps, en lignes, dans des sillons ouverts par le
rayonneur; on recouvre. Lorsque les feuilles se montrent, on sarcle, on bine, on butte, puis on sarcle et
on bine de nouveau. Les fleurs s'épanouissent, dans le

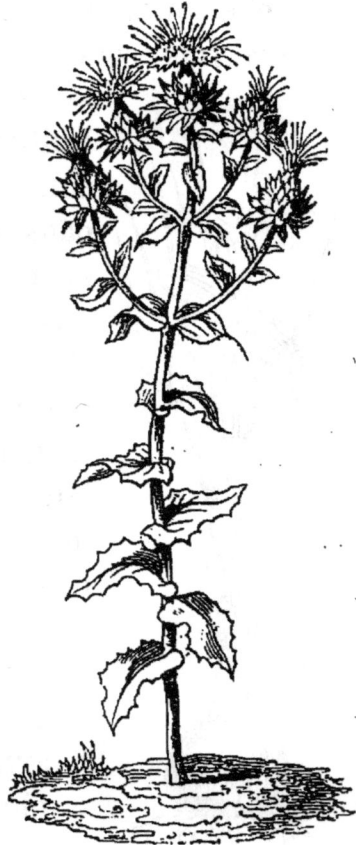

12.

Midi, vers le mois de juillet. Chaque jour on récolte les fleurs bien développées, on les emporte dans des paniers et on les fait sécher. Quant à la graine, on attend que le pied des plantes soit desséché, on arrache et on bat. Le rendement du carthame est en moyenne 250 kilogrammes de fleurs sèches par hectare, celui des graines de 1,500 kilogrammes.

Pastel.

Le pastel est cultivé pour ses feuilles dont on tire une couleur bleue très-solide. Mais comme la substance tinctoriale qui forme cette couleur, l'*indigotine*, est contenue dans une proportion beaucoup plus considérable par les indigotiers de l'Inde et de l'Amérique, la culture du pastel est presque abandonnée.

Pastel.

d) Plantes économiques.

On comprend, comme nous l'avons dit, sous le nom de plantes économiques, les plantes industrielles qui ne sont ni oléagineuses, ni textiles, ni tinctoriales. Les principales plantes économiques sont : le tabac, le houblon, la moutarde noire, le sorgho sucré. Il faut y joindre certaines plantes rangées dans d'autres catégories, savoir: parmi les légumineuses, la chicorée sauvage, dont une variété sert à la fabrication d'un café factice ; parmi les plantes-racines, la pomme de terre, dont on fait de la fécule, et la betterave, dont on extrait le sucre.

Tabac.

Tabac rustique.

MONOPOLE DU TABAC. — Le tabac dont on fait un si grand usage soit comme tabac à fumer, à priser ou à chiquer, est une plante originaire de l'Amérique, qui renferme un poison violent, appelé *nicotine*. En France la culture n'en est pas libre, l'État en a le monopole. Dans un certain nombre de départements seulement,

Tabac à larges feuilles.

il autorise les cultivateurs à planter un nombre de pieds déterminé. Les cultivateurs qui veulent obtenir cette autorisation doivent faire déclaration de leur intention au préfet, en obtenir une autorisation fixant le nombre de pieds à cultiver et se soumettre au mode de

Tabac à feuilles étroites, ou de Virginie.

culture indiqué et à la surveillance de la régie. Ils vendent le produit de la récolte à l'État, qui a des manufactures de tabac à Paris et dans quelques autres villes. Quant au tabac importé de l'étranger, la régie seule a le droit de l'acheter et de le vendre.

VARIÉTÉS. — Le tabac cultivé présente deux variétés principales : le *tabac à larges feuilles*, généralement cultivé en Europe, et le *tabac de Virginie*, à feuilles pointues et étroites, généralement cultivé en Virginie (États-Unis).

CLIMAT ET SOL. — Le tabac s'accommode de climats plus ou moins chauds, mais le produit est d'autant plus beau que le climat est plus chaud. Les sols les plus favorables sont ceux de consistance moyenne, suffisamment frais en été, mais sans humidité surabondante.

SEMIS EN PÉPINIÈRE ; PLANTATION, SOINS D'ENTRETIEN, RÉCOLTE. — Vers le milieu de mars, on répand la semence à la volée et on recouvre avec un râteau ; on arrose, on sarcle, on éclaircit. Lorsque le plant montre ses feuilles, on repique au plantoir, on arrose, s'il est nécessaire, et on remplace les pieds qui n'ont pas repris. Quinze jours après la reprise, on donne un premier binage, bientôt suivi d'un second, puis d'un buttage. Quand les boutons à fleurs se montrent, on coupe le sommet des tiges, et quand les fleurs deviennent jaunâtres, on fait la récolte, soit en coupant les tiges garnies de leurs feuilles, pour séparer ensuite les feuilles des tiges, soit en laissant ces tiges sur pied en en arrachant les feuilles. Quand les feuilles sont suffisamment desséchées, on les réunit en paquets appelés *manoques*. On forme de ces manoques des tas, que l'on remue fréquemment pour que le tabac ne s'échauffe pas, puis on les emballe pour les livrer à la régie. Le rendement moyen paraît pouvoir être évalué à 1,000 kilogrammes de feuilles sèches par hectare.

Houblon.

VARIÉTÉS. — Le houblon, dont le fruit, en forme de petit cône, communique à la bière un goût spécial, et qui, pour cette raison, est l'objet d'une importante culture, présente plusieurs variétés : *houblon précoce,*

Houblon femelle.

demi-précoce, rouge, tardif. Il faut choisir une variété

Fleur mâle du houblon.   Cône du houblon.   Fleur femelle du houblon.

qui soit mûre avant les premières gelées, et s'il y en a plusieurs qui remplissent cette condition, celle qui produit les cônes les plus abondants et de l'odeur la plus forte.

CLIMAT ET SOL. — Le houblon redoute les vents violents, ainsi que le voisinage des rivières et des étangs, à cause des brouillards et des gelées blanches. Il aime les terres de consistance moyenne, fraîches, mais sans humidité surabondante, profondément ameublies et abondamment fumées.

PLANTATION, SOINS D'ENTRETIEN, RÉCOLTE. — Le houblon se plante soit à l'automne, soit plus souvent au printemps, du 15 février au 15 avril. Dans des trous de 40 centimètres de côté et de 40 centimètres de profondeur, on réunit 3, 4 ou 5 jets bien en racinés de la grosseur du doigt, pris dans les souches des anciennes houblonnières, on les repique au plantoir, et on recouvre de terre bien tassée. Ces touffes de plants sont mis à une distance qui varie de 1 mètre 50 centimètres à 2 mètres 50 centimètres, suivant la fertilité du sol. Au commencement de mai, on enfonce, au centre de chaque touffe, deux ou trois échalas auxquels on attache les tiges. Dans le cours de l'été, on donne trois binages et un buttage ; en novembre, on enlève les échalas, on coupe les tiges et l'on butte assez haut pour que la terre atteigne presque le sommet des tiges coupées. Au printemps de la seconde année, on ouvre les buttes, et on coupe les tiges presque à ras du sol ; on fume, on butte de nouveau, et on laboure à la main entre les touffes. Dans le courant de la même année (2e année), lorsque les tiges commencent à s'élever, on plante de deux à quatre perches en bois à l'entour des touffes, on attache à ces perches quatre ou cinq des tiges les plus vigoureuses et on supprime les autres ; après quoi, on bine et on butte de nouveau. A la fin de l'été (deuxième année), les cônes prennent une couleur verte dorée et répandent une odeur aromatique ; les graines sont dures et brunes. C'est le moment de la récolte (du 15 août au 15 septembre). On coupe les tiges, on en détache les cônes, on les transporte et on les fait sécher. Le rendement est de 1,700 kilogrammes de cônes secs, de 4,500 kilogrammes de feuilles et de 6,000 kilogrammes de tiges. La troisième année, mêmes soins d'entretien que la seconde année. La houblonnière peut subsister de 15 à 20 ans.

Moutarde noire.

La moutarde noire ou sénevé est cultivée pour sa graine, qui sert à faire la composition connue, dans la cuisine, sous le nom de moutarde, et la farine de moutarde, employée pour les sinapismes. La semaille se fait vers la fin de mars. La maturité des siliques a lieu

Moutarde noire.

successivement, et on commence la récolte aussitôt que

les tiges jaunissent. Le rendement moyen est d'environ
1 hectolitre de graine par hectare.

Sorgho sucré.

Le sorgho sucré a de l'analogie avec le sorgho à balai;

Sorgho sucré.

mais, quoiqu'il puisse être utilisé comme plante fourragère et que la graine en soit mangée par les vaches et les porcs, on a essayé surtout de le cultiver pour la production du sucre. Les expériences en grand sont encore trop peu multipliées pour qu'on puisse se prononcer sur l'avantage de cette culture.

VII. — VIGNE.

CLIMAT ET SOL. — Le climat tempéré de la France convient particulièrement à la vigne. Elle se plaît en général dans les terrains calcaires et sablonneux, et vient mal dans les sols argileux et compactes qui retiennent une humidité surabondante.

RÉPARTITION DES VIGNOBLES DE FRANCE EN HUIT GROUPES. — La France est un pays vignoble par excellence ; la culture de la vigne occupe plus de 2,400,000 hectares, inégalement répartis sur 76 de nos départements ; elle rapporte aux propriétaires en moyenne 1,500 à 1,600 millions par an et plusieurs de ses crus sont fort estimés. On répartit ordinairement les vignobles en huit groupes principaux : — 1° Le *groupe de la Champagne* produit, sur les coteaux crayeux de la Marne et du nord de l'Aube, des vins rouges et surtout des vins blancs qui, soumis à de longues préparations, sont exportés dans le monde entier. Reims et Epernay sont les principaux centres de ce commerce.—2° Le *groupe de Bourgogne*, d'une étendue plus considérable, comprend la Côte-d'Or, Saône-et-Loire, l'Yonne, le midi de l'Aube et le nord du Rhône. Les crus plus estimés sont les crus de la Haute-Bourgogne ou Côte-d'Or (côte de Nuits, côte de Beaune, côte Châlonnaise), les crus du Mâconnais et du Beaujolais, et les crus de la Basse-

Bourgogne (Châblis, Joigny, les Riceys). A ces derniers
crus peuvent se rattacher les vins ordinaires de la Lorraine et du Jura. — 3° *Le groupe des vins du Rhône,*
sur les coteaux qui bordent les deux rives du fleuve
jusqu'à Avignon, comprend les départements du Rhône,
de la Loire, de l'Isère, de la Drôme, de l'Ardèche, de
Vaucluse et du Gard (Côte-Rôtie, Condrieu, côte Saint-
André, Ermitage, Saint-Peray, Châteauneuf-du-Pape,
Tavel, etc.). — 4° *Le groupe des vins du Midi* comprend les vins du Roussillon, de la Provence et de la
Corse (vins de liqueur, vins muscats), et les vins abondants du Languedoc et surtout de l'Hérault, dont une
grande partie est convertie en alcool et en eau-de-vie :
Montpellier, Pézenas, Béziers, sont les principaux marchés des produits du Languedoc, exportés surtout par
le port de Cette. — 5° *Le groupe des vins du Bordelais,* aussi estimés et plus productifs que les vins de
Bourgogne, comprend les crus célèbres du Médoc, des
Graves, du Bordelais proprement dit, de l'Entre-deux-
Mers, des Palus, du Libournais. On y rattache les vins
de Bergerac ou de la Dordogne, du Quercy, de l'Albigeois, de Toulouse ; les vins épais des Pyrénées ; les
vignobles de l'Armagnac et des Landes, qui fournissent
surtout de l'eau-de-vie; les vins du Béarn (Jurançon).
— 5° *Le groupe des vins de la Charente,* quoique peu
étendu, dans les départements de la Charente et de la
Charente-Inférieure, donne des produits d'une valeur
considérable. Ces vins, chargés d'alcool, sont de qualité
médiocre, mais sont presque tous convertis en excellente eau-de-vie. — 7° *Le groupe des vins de l'Ouest,*
dont la production est encore assez considérable, comprend les départements du Poitou, de l'Anjou et de la

Loire-Inférieure. Le centre commercial est Nantes ; les vins les plus abondants sont ceux de la Loire-Inférieure, au sud du fleuve ; les plus estimés sont ceux de Saumur. — 8° *Le groupe des vins du Centre* ne comprend que des vins d'une qualité secondaire, dans les bassins moyens de la Loire et de l'Allier. Les vins d'Auvergne sont surtout destinés au coupage ou mélange ; les vins du Loiret sont presque tous employés à la fabrication du vinaigre d'Orléans ; les crus les plus estimés sont ceux des vins blancs de Pouilly (Nièvre), Sancerre (Cher), Vouvray (Indre-et-Loire), Saint-Avertin (id.). On peut rattacher à ce groupe les vins médiocres, mais assez abondants, des départements qui entourent Paris.

Vigne cultivée en treilles. — La vigne est cultivée non-seulement en vue de la production du vin, comme dans les huit groupes dont nous venons de parler ; elle est aussi cultivée en treilles, en vue de fournir du fruit mangé en grain. Ces treilles doivent, autant que possible, être exposées au midi, du reste, elles s'accommodent de presque tous les climats de la France.

Variétés de raisins. — Les principales variétés dont on forme les vignobles sont en nombre très-considérable. Citons, entre autres, le pineau noir, le pineau blanc, le gamay, la marsanne, le viogue, le tokai, l'aramon, l'ugni noir, l'ugni blanc, l'espar, le meunier, le breton, etc. Les variétés le plus renommées, entre celles qui sont cultivées pour le fruit, sont le chasselas (principalement le chasselas de Fontainebleau), le muscat, le morillon noir (très-hâtif), le verjus (employé dans les sauces et mûrissant difficilement).

Plantation, soins d'entretien, récolte. — On multiplie la vigne soit au moyen de plants enracinés, soit au moyen de boutures. Les plants ou les boutures sont espacés à des distances qui varient suivant les pays, et selon la forme et la dimension que l'on veut donner aux ceps. Dans tous les cas, le sol doit avoir reçu un labour de défoncement et une bonne fumure. On taille la vigne de novembre à mars, de manière à maintenir au cep une forme déterminée ; puis on laboure à la bêche, à la houe ou autrement, et dans le courant de l'année, on bine et on nettoie. Lors de la floraison, on épampre (c'est-à-dire on supprime les feuilles trop nombreuses). La récolte a lieu de la fin d'août au commencement d'octobre, selon les pays et selon les années. La vigne est en plein rapport au bout de deux ou trois ans, si l'on s'est servi, pour la plantation, de plant enraciné ; au bout de cinq ans, si l'on s'est servi de boutures.

PROVIGNAGE. — Quand un cep manque, on peut le remplacer au moyen du provignage. A cet effet, on choisit un sarment suffisamment long et vigoureux, appartenant à un cep voisin, on courbe ce sarment sous terre, et on le laisse sortir au point où l'on désire un nouveau cep. Deux ou trois ans après l'opération, le sarment a pris racine et on le sépare de la souche mère. Quelquefois on provigne une vigne entière, en fumant abondamment, pour renouveler le plant.

DES ÉCHALAS. — Dans certaines contrées, la vigne se cultive en souches très-basses et sans support ; mais plus généralement le cep est attaché à un tuteur appelé *échalas*, et, dans quelques provinces, *bâton*, *corasson*, *paisseau*, etc. On *échalasse*, on *paisselle* (on plante les échalas, les paisseaux) immédiatement après le labour; on *déchalasse*, on *dépaisselle* (on enlève les échalas, les paisseaux) après la récolte.

MALADIES DE LA VIGNE.— Un petit champignon, appelé *oïdium Tuckeri*, s'attaque au bois, aux bourgeons, puis au grain du raisin, et au bout de deux ou trois ans, fait périr le cep. On combat les ravages de l'oïdium en répandant du soufre en poudre sur la vigne, lorsque les bourgeons commencent à pousser, et en répétant plusieurs fois cette opération pendant le cours de l'année. Un autre fléau est le *phylloxera;* c'est un insecte qui s'attaque à la racine du cep, et le détruit en deux ou trois ans. On n'a trouvé jusqu'à présent aucun moyen pratique pour combattre le phylloxera.

FABRICATION DU VIN. — Le raisin étant porté dans des cuves, on l'écrase avec les pieds ou avec un fouloir. Au bout d'une huitaine de jours de fermentation, on décuve, c'est-à-dire, on tire de la cuve, pour le mettre dans des futailles, le vin qu'elle renferme, on porte sur le pressoir (page 101) ce qui reste dans la cuve, et on en tire un vin avec lequel on remplit les futailles.

VIII. — ARBRES FRUITIERS.

TROIS GROUPES D'ARBRES FRUITIERS. — Les arbres fruitiers peuvent se partager en trois groupes: les arbres à fruits de table, les arbres à fruits employés pour le cidre et les arbres à fruits oléagineux. A ces trois groupes, il faut ajouter le mûrier, qui est, à la vérité, un arbre à fruit, mais qui est surtout cultivé pour ses feuilles.

ARBRES A FRUITS DE TABLE. — Les principaux arbres à fruits de table sont le poirier, le pommier, le pru-

nier, le cerisier, l'abricotier et le pêcher. Ces arbres
se cultivent soit à basses tiges, soit à hautes tiges,
soit en plein vent, soit en espalier. Le poirier se
greffe sur poirier franc (poirier sauvage) ou sur
cognassier. On greffe sur poirier franc les poiriers à
haute tige et sur cognassier les poiriers à basse tige, à
l'exception de quelques variétés, qui ne réussissent
que sur franc. Le pommier se greffe sur pommier franc
pour les arbres à haute tige, sur doucin pour les
arbres à basse tige, et sur pommier de paradis pour
les arbres nains. Le prunier et l'abricotier se greffent
sur prunier ; le cerisier se greffe sur le merisier pour
les arbres à haute tige, et sur prunier de Sainte-Lucie
pour les arbres à basse tige. Le pêcher se greffe soit
sur amandier, soit sur prunier. Quant à ce qui concerne la taille et les diverses variétés de ces arbres,
cela est du domaine de l'arboriculture fruitière et non
de l'agriculture. Dans le midi de la France, on cultive
aussi l'oranger, qui forme une petite zone agricole
comprise dans celle de l'olivier.

ARBRES A FRUITS EMPLOYÉS POUR LE CIDRE. — Les arbres dont les fruits sont employés pour le cidre sont
certaines variétés de poiriers et de pommiers cultivées
spécialement pour cet objet. Le cidre proprement dit
est fait avec des pommes seulement ; la boisson fer-
mentée obtenue avec des poires seulement se nomme
poiré.

ARBRES A FRUITS OLÉAGINEUX. — Ces arbres sont le
noyer, le noisetier et l'olivier. La culture de l'olivier
est très-importante, et détermine, comme nous l'a-
vons vu, page 67, une zone agricole spéciale, qui coïn-

cide presque exactement avec le climat méditerranéen.

MURIER. — Le mûrier est cultivé bien moins pour son fruit que pour ses feuilles, qui constituent la nourriture du ver à soie. Il présente plusieurs variétés qui se reproduisent par la greffe. Un hectare planté en mûriers peut produire 10,000 kilogrammes de feuilles.

CHAPITRE VIII.

CONSERVATION DES RÉCOLTES.

SOMMAIRE. — I. *Conservation des céréales.* — Céréales mises en meules ou serrées dans les granges. — Battage. — Dépiquage. — Vannage. — Conservation des céréales après le battage et le vannage. — Insectes qui s'attaquent aux grains. — II. *Conservation des plantes-racines.* — Conservation en silos. — Conservation en caves. — III. *Fanage et conservation des foins.* — Fanage. — Conservation en meules. — Conservation en bâtiments. — IV. *Conservation des vins.* — Mise du vin en futailles. — Soutirage. — Collage.

I. — CONSERVATION DES CÉRÉALES.

CÉRÉALES MISES EN MEULES OU SERRÉES DANS LES GRANGES. — Nous avons dit, au chapitre précédent, que, les gerbes une fois formées, on les engrange ou on les dispose en grandes meules, ce qui diminue les dépenses de construction des bâtiments. Pour former ces meules, on doit avoir soin d'en mettre la base à l'abri de l'humidité. A cet effet, on établit sur le sol un lit de fagots ou un châssis en bois reposant sur des pieux, et sur ce lit de fagots, ou sur ce châssis, on monte la meule. Elle va en s'élargissant de la base

usqu'à une certaine hauteur, pour se rétrécir ensuite jusqu'au sommet. A partir du point de rétrécissement, on établit une sorte de toit avec des poignées de paille liées par le bout et fixées autour de
la meule par des liens de paille. On a imaginé aussi
des constructions mobiles et à claire-voie, nommées
gerbières, qui sont formées de piliers, à l'intérieur
desquels on place les gerbes, et que l'on recouvre
d'un toit mobile, recouvert lui-même de paille. — Si
la place le permet, au lieu de disposer les gerbes en
meules ou de les placer dans des gerbières, on les
serre immédiatement dans la grange, bâtiment renfermant, outre l'espace destiné aux gerbes, une aire pour
le battage.

BATTAGE. — Le battage a pour but de séparer le
grain de la paille. Il s'exécute au fléau ou au moyen
de la machine à battre (*Voyez* p. 96). A mesure que la
paile est séparée du grain, on en fait des bottes, et on
réunit le grain dans quelque partie de la grange, pour
faire ensuite le vannage.

DÉPIQUAGE. — Dans certaines contrées, on remplace
le battage par le dépiquage, c'est-à-dire par le piétinement des animaux et surtout des chevaux. Les chevaux, en nombre proportionné à la quantité de céréales
à battre et à la promptitude avec laquelle doit se faire
l'opération, sont attelés deux à deux. Ils piétinent les
gerbes placées sur une aire suffisamment battue, en
décrivant des cercles concentriques qui vont de la
circonférence au centre. Le conducteur occupe toujours le centre et fait trotter les animaux. Pour per-
fectionner ce procédé, on a imaginé des rouleaux à
dépiquer. Les chevaux attelés à ces rouleaux com-

priment une plus grande surface qu'en exécutant le
dépiquage au moyen du simple piétinement.

VANNAGE. — Quand le grain est séparé de la paille
par le battage ou le dépiquage, il faut le débarrasser
des menues pailles et autres ordures. Cette opération
s'exécute au moyen du van ou du tarare (*Voyez* p. 98).

CONSERVATION DES CÉRÉALES APRÈS LE BATTAGE ET LE
VANNAGE. — Après le battage et le vannage, on répand
le grain en couches plus ou moins épaisses sur le grenier. Les murs de ce grenier doivent être, autant que
possible, construits en pierre de taille, très-épais, re-
vêtus d'un ciment hydraulique et percés d'ouvertures
qui prennent l'air dans toutes les directions, et principalement au nord. De temps en temps, on remue le
grain à la pelle de peur qu'il ne s'échauffe.

INSECTES QUI S'ATTAQUENT AUX GRAINS. — Trois insectes s'attaquent aux grains, savoir: le charançon, la
fausse teigne des blés, et l'alucite.

Le charançon est un insecte très-petit, qui dépose
un œuf dans la rainure de chaque grain. De cet œuf,
sort une larve, qui dévore la farine du grain, puis se
transforme en une espèce de nymphe ou de chrysalide
et enfin devient un insecte parfait.

La fausse teigne des blés et l'alucite sont, comme le
charançon, des insectes qui passent par diverses mé-
tamorphoses, et qui, à l'état de larve ou de chenille,
dévorent les grains. Le criblage, le vannage, le remue-
ment fréquent à la pelle contribuent à la destruction
de ces insectes, mais ne sont pas d'une efficacité
complète.

II. — CONSERVATION DES PLANTES-RACINES.

CONSERVATION EN SILOS. — Les pommes de terre, les betteraves, les carottes, se conservent très-bien dans des fosses appelées silos. Dans un sol sec, on creuse une fosse suffisamment profonde pour être à l'abri de la gelée : on y empile les racines après qu'elles sont ressuyées ; on les recouvre de paille, puis d'une couche de terre épaisse et bien tassée. On ménage, de distance en distance, des soupiraux construits avec des tuiles creuses, placées debout l'une contre l'autre, afin de laisser dégager l'humidité. Ces soupiraux doivent être bouchés lors des fortes gelées. Enfin, à l'entour de la fosse, on pratique une rigole, dont on rejette la terre sur les racines, en la battant fortement. Cette rigole doit être plus profonde que la fosse et avoir un écoulement. Enfin, on doit visiter fréquemment la fosse, et s'il y a des racines gâtées, vider la fosse pour enlever ces racines. L'inconvénient de ce procédé consiste précisément dans la nécessité de vider la fosse à plusieurs reprises. Aujourd'hui on préfère la creuser à une faible profondeur au-dessous du niveau du sol, et élever les racines jusqu'à 80 centimètres au-dessus de ce niveau, en disposant en pente les côtés qui, recouverts de paille et de terre tassée, forment une espèce de toit aboutissant à la rigole. Ce mode de conservation a été essayé aussi pour les céréales, mais avec peu de succès.

CONSERVATION EN CAVES. — Les racines peuvent se conserver dans des caves, pourvu que celles-ci soient bien sèches et bien aérées. On entasse les racines les unes sur les autres en réservant de distance en distance des allées qui permettent une circulation facile. Il faut avoir soin de ne rentrer ainsi que des racines bien desséchées. Par les temps de forte gelée, on ferme les ouvertures qui donnent accès à l'air.

III. — FANAGE ET CONSERVATION DES FOINS.

FANAGE. — La coupe des foins se fait avec la faux (page 91) ordinairement vers la fin de juin. Le faucheur, à chaque enjambée, laisse sur le côté une petite quantité de foin qui forme un *andain*. Ce qui a été mis en andains avant neuf heures du matin est répandu le plus tôt possible, avec la fourche à deux ou à trois dents (page 91), ou avec le râteau à main (page 92), ou avec le râteau à cheval de Howards (page 93), ou avec la faneuse anglaise de Woburn (page 93). A midi, le foin est retourné avec l'un de ces instruments. Sur le soir, il est mis en petits tas appelés *boccottes*. Le lendemain, vers neuf heures, on répand les boccottes, on retourne à plusieurs reprises dans la journée, et le soir, on forme des tas plus gros que les *boccottes*, et appelés *chevrottes*. Le surlendemain, vers neuf heures, on répand les chevrottes, on retourne à plusieurs reprises, on forme des tas plus gros que les chevrottes, ce qu'on appelle proprement *mettre en tas*, puis on enlève le foin de la prairie le soir ou le lendemain matin. Si le temps est pluvieux, le fanage peut durer beaucoup plus longtemps, parce qu'on est obligé de laisser sans les répandre, les *boccottes*, les *chevrottes* et les *tas*. A l'automne, on fait une seconde coupe appelée *regain*, que l'on cultive de la même manière que la première coupe, mais qui est à la fois moins abondante et plus difficile à faner.

CONSERVATION EN MEULES. — On peut conserver le foin
en meules, construites ordinairement près des bâtiments d'exploitation. On commence par former un lit
de paille ou de branches. Sur ce lit, on amoncelle le
foin, en le tassant autant que possible, de manière à en
former une masse dont le sommet est en pointe et dont
le milieu est renflé. On peigne et on régularise la meule
avec le râteau, et on la couvre avec des gerbes de
paille liées entre elles par le haut et formant une sorte
de toit. On creuse une rigole alentour pour recevoir les
eaux de pluies et les déverser plus loin. Le foin mis
en meule se tasse énormément. Lorsqu'on en a besoin,
on le coupe avec un instrument tranchant appelé
coupe-foin.

CONSERVATION EN BATIMENTS. — Lorsque l'étendue des
bâtiments le permet, on rentre le foin dans des *fenils*
ou *greniers à foin*. Les greniers couverts en chaume
sont préférables à ceux qui ont des toits de tuile ou
d'ardoise, la paille étant mauvaise conductrice de la
chaleur. Si le foin rentré n'est pas parfaitement sec,
il faut le bien tasser et ne pas laisser de courant d'air :
il fermentera, brunira, mais ne moisira pas ni ne s'en-
flammera pas.

BOTTELAGE. — Le bottelage consiste à mettre le foin
en bottes d'égal poids, liées avec de la paille. Cette
opération se fait dans le grenier à foin. En donnant
aux bestiaux du foin bottelé, on se rend compte beaucoup plus exactement de la quantité donnée à chacun
d'eux, et on fait une distribution régulière.

IV. — CONSERVATION DES VINS.

MISE DU VIN EN FUTAILLES. — Le pressurage terminé, on remplit les futailles qui ont auparavant reçu le vin tiré directement de la cuve. Ces futailles sont assujetties avec des coins, sur des madriers, et il doit y avoir derrière, entre elles et le mur, un passage pour les visiter et vérifier si elles ne coulent pas. Avant de les remplir, on a dû préalablement y passer de l'eau bouillante aromatisée avec du genièvre, et, à défaut, avec des feuilles de noyer. Étant gonflées par cette eau bouillante, elles ne laissent pas fuir le vin. Les futailles étant remplies, on les bouche avec un tampon de bois appelé *bondon*. Mais comme la fermentation n'est pas achevée, on perce à côté de la bonde (ouverture où se place le bondon), un petit trou à la vrille pour donner de l'air, sans quoi la futaille courrait le risque d'éclater, ou simplement on pose le bondon sans l'enfoncer, de manière qu'il puisse se soulever. La fermentation achevée, on remplit entièrement les futailles, et on les bouche tout à fait, mais, alors même que la fermentation est achevée, il se fait au bout de quelque temps un vide dans la futaille, par suite de l'évaporation et de l'absorption du vin par les pores du bois. On remplit de nouveau et à plusieurs reprises, ce qui s'appelle *ouiller*.

SOUTIRAGE. — Au fond des futailles tombe la lie. Au printemps, on soutire le vin, et on le transvase dans d'autres futailles. Quant à la futaille contenant la lie, on la lave après en avoir tiré la lie, on la laisse sécher, ensuite on la *mèche*, c'est-à-dire on y introduit une *mèche*, un linge soufré que l'on allume, et qui, en brûlant dans l'intérieur de la futaille, en enlève l'humidité, puis on la bouche hermétiquement. Cette opération doit être répétée tous les deux ou trois mois pour maintenir les futailles en bon état. La lie est utilisée soit pour faire de l'eau-de-vie, soit comme engrais. Le soutirage se répète tous les ans, au mois de mars ou d'avril ; mais la lie n'est abondante que la première année ; ensuite, elle le devient de moins en moins.

COLLAGE. — Pour avoir du vin parfaitement clair et limpide, et qui ne dépose plus de lie, il faut, après qu'il a été soutiré plusieurs fois, le *coller* soit avec de la colle de poisson, soit avec du blanc d'œuf battu. On verse, par la bonde, l'une ou l'autre de ces deux substances dans la futaille, et on agite avec un bâton. La colle ou le blanc d'œuf coagule et fait déposer les impuretés qui se trouvent dans le vin, on soutire ensuite ou l'on met en bouteilles.

CHAPITRE IX.

BESTIAUX ET ANIMAUX DOMESTIQUES.

SOMMAIRE. — I. *Le cheval.* — Pays de production et d'élevage du cheval. — Chevaux de gros trait. — Chevaux d'attelage. — Chevaux de selle.—Soins à donner au cheval ; pansage ; conditions hygiéniques des écuries. — Harnachement. — Ferrure du cheval.—Allures du cheval.—Maladies du cheval.--Comment on connaît l'âge du cheval.— II. *L'âne et le mulet.* —Anes.— Mulets.—III. *L'espèce bovine.*—Distinction des races de travail, des races laitières et des races de boucherie.—Races laitières. — Races de boucherie. — Races de trait. — Maladies de l'espèce bovine. — IV. *L'espèce ovine.* — Principales races. — Races voyageuses. — Maladies de la race ovine. — V. *La chèvre.* — VI. *Le porc.* — Principales races. — Maladies du porc. — VII. *Le lapin.* — Races de lapins. — Lapins de garenne et lapins de clapier.— VIII. *Les oiseaux de basse-cour.* La poule. — Le dindon. — L'oie.— Le canard. — Le pigeon. — IX. *Les abeilles.* — X. *Les vers à soie.*

I. — LE CHEVAL.

PAYS DE PRODUCTION ET D'ÉLEVAGE DU CHEVAL. — On compte, en France, 3 millions de chevaux environ, qui, pour la plupart, ne sont pas élevés dans les pays de production, et qui, étant presque toujours le résultat de croisements, ne peuvent plus être facilement classés par races.

Les *pays de production*, ou pays à herbages, sont la Bretagne, le Poitou, la basse Normandie, le Bourbonnais, l'Artois, la Bourgogne ; les *pays d'élevage*, ou pays à fourrages plus substantiels, sont la Sarthe, l'Eure-et-Loir, la Seine-Inférieure, la Somme, l'Indre, le Cher, l'Aisne, l'Oise, l'Yonne, la Marne, etc.

CHEVAUX DE GROS TRAIT. — Parmi les chevaux de gros trait, propres au roulage et à l'agriculture, on cite : les chevaux *boulonnais* et les chevaux *flamands*, qu'on trouve dans la région du Nord, dans l'Orne et le Calvados, dans la Franche-Comté et la Champagne, où l'on distingue les chevaux *ardennais*, race de trait léger.

CHEVAUX D'ATTELAGE. — Les meilleurs chevaux d'attelage sont les chevaux *percherons*, dans l'Eure-et-Loir, la Sarthe, la basse Normandie ; il y en a encore un grand nombre dans l'Indre et le Cher, où on les nomme chevaux *berrichons*, quoique beaucoup soient originaires du Poitou ; viennent ensuite les petits chevaux *bretons* et les chevaux *comtois*.

CHEVAUX DE SELLE. — Les chevaux de selle, dont les

races ont été améliorées par le croisement avec les chevaux anglais, espagnols et barbes ou africains, sont surtout les chevaux *anglo-normands* de l'Orne et du Calvados ; les chevaux *lorrains*, bons pour la grosse cavalerie ; les chevaux *poitevins* de la Vendée et de la Charente-Inférieure ; les chevaux *limousins* et *auvergnats*, dans la région du Plateau central (Auvergne, Limousin, Marche, etc.); les chevaux du Morvan ; dans le Sud-Ouest, les chevaux *navarrins* des Pyrénées et les chevaux *landais*, propres à la cavalerie légère ; enfin, les petits chevaux de la Camargue et de la Corse, à demi-sauvages et d'une remarquable vivacité.

Soins a donner au cheval ; pansage ; conditions hygiéniques des écuries. — Le poulain peut être sevré à six mois et quelquefois plus tôt, et après le sevrage, il est enfermé dans l'écurie, mais sans être maintenu à l'attache. Dès qu'il est habitué au séjour de l'écurie, il faut l'accoutumer à supporter les soins dont il aura besoin un jour ; aussi de temps en temps on le brossera et on le lavera. Au printemps qui commence la seconde année du poulain, on le conduit au pâturage, mais seulement pendant le jour. Dès qu'il a atteint la troisième année, il peut être employé aux travaux des champs, sans que cela nuise à son développement ; enfin la quatrième année, il est soumis au même régime que les chevaux plus âgés; enfin, à cinq ans, le cheval est parvenu à son entier développement.

Une opération qui influe notablement sur la santé du cheval et qu'il faut bien se garder de négliger, c'est le pansage. Les instruments du pansage sont : l'*étrille*, armée de dents qui pénètrent à travers les poils de l'animal jusqu'à la surface cutanée pour enlever à cette surface la crasse qui y est adhérente ; l'*époussette*, queue de cheval, munie d'un manche de bois, qui sert à enlever la poussière détachée par l'étrille ; le *bouchon de paille*, pour frotter la surface des poils ; la *brosse ;* le *peigne;* l'*éponge;* le *cure-pied*, pour détacher de dessous le sabot les matières qui peuvent y adhérer. Un repos suffisant est pour le cheval une condition essentielle. L'écurie doit être assez spacieuse pour que chaque cheval ait un espace de 3 mètres 1/2 à 4 mètres de longueur, sur 1 mètre 1/2 de largeur ; elle doit être bien aérée, le moins humide possible, et nettoyée assez fréquemment pour que la fermentation des fumiers n'incommode pas les animaux.

Chaque cheval a devant lui : 1° le *râtelier*, grille en bois qui forme avec le mur une sorte de cage dans lequel on met le fourrage ; 2° la *mangeoire*, auge de bois ou de pierre qui reçoit les aliments autres que le fourrage (son, avoine, betteraves, etc.).

HARNACHEMENT. — Le harnachement du cheval de trait comprend l'*appareil de gouverne*, l'*appareil de tirage* et l'*appareil de reculement*. — L'appareil de gouverne se compose de la *bride* et des *guides*. La bride se compose elle-même de trois parties: le *mors*, pièce de fer placée dans la bouche du cheval ; la *têtière*, qui soutient le mors et entoure la tête du cheval ; les *rênes*, lanières de cuir attachées par une extrémité au mors et par l'autre au collier. Les guides sont des lanières de cuir, dont une extrémité est attachée au mors et dont l'autre est à portée de la main du conducteur, ce qui lui permet de diriger le cheval. — L'appareil de tirage se compose du *collier*, qui entoure l'extrémité supérieure de l'encolure, et des *traits*, liens de cuir, de chanvre ou de fer, placés à chaque côté du corps de l'animal, et qui unissent le collier à la voiture. — L'appareil de reculement se compose de l'*avaloire*, large bande de cuir qui revêt les fesses et le derrière de la cuisse de l'animal au-dessous de la queue, et du *surdos*, autre bande de cuir placée transversalement sur le dos de l'animal pour soutenir les traits et l'avaloire, et unir celle-ci au collier.

FERRURE DU CHEVAL. — La ferrure consiste à garnir d'un fer protecteur l'enveloppe cornée du pied du cheval désignée sous le nom de sabot. Le fer est une bande de métal plus large qu'épaisse, qui se contourne de manière à former deux branches, et qui est fixée au sabot par des clous. Les ouvertures de la face intérieure du fer destinées à recevoir la tête des clous se nomment *étampures*, les ouvertures de la face supérieure du fer, c'est-à-dire de la face qui s'applique au sabot, les *contre-perçures*.

ALLURES DU CHEVAL. — On appelle allures du cheval, les différents modes de progression de cet animal. Elles sont au nombre de quatre : le pas, le trot, l'amble et le galop. Le pas, le trot et le galop sont des allures naturelles, c'est-à-dire, des allures qui ne résultent pas de l'éducation, et qui appartiennent au cheval abandonné à lui-même ; l'amble est ordinairement une allure artificielle, c'est-à-dire, acquise par l'éducation. — Le pas est l'allure la plus lente. Les membres se succèdent un à un, ce qui produit un mouvement à quatre temps faisant entendre quatre battues. Le pied droit de devant pose à terre le premier, le pied de gauche de derrière pose à terre le second, le pied gauche de devant pose à terre le troisième, le pied droit de derrière pose à terre le dernier. On distingue le pas ordinaire, le pas accéléré et le pas relevé. Dans le pas ordinaire et dans le pas accéléré, les quatre battues produites par la pose des quatre pieds sont séparées par des intervalles égaux; et les deux pas ne diffèrent entre eux que par une succession plus rapide des membres. Dans le pas relevé, l'intervalle qui existe entre la première et la seconde battue est égal à l'intervalle qui existe entre la troisième et la quatrième battue; mais l'intervalle entre la seconde et la troisième battue est plus considérable que les deux autres; dans cette allure, à chaque lever de pied, on aperçoit la surface inférieure du fer du cheval, d'où le nom de pas relevé. — L'amble est une allure dans laquelle l'animal avance simultanément le pied droit de devant et le pied droit de derrière, après quoi, et au bout d'un intervalle très-court, il avance simultanément le pied gauche de devant et le pied gauche de derrière. Cette allure s'exécute donc en deux temps séparés par un intervalle. Elle est la plus basse et la moins détachée de terre. — Dans le trot, le pied droit de devant et le pied gauche de derrière partent simultanément, puis, après un certain intervalle, le pied gauche de devant et le pied droit de derrière partent aussi simultanément. Cette allure s'exécute donc, comme l'amble, en deux temps séparés par un intervalle. — Le galop est une sorte de saut en avant renouvelé sans interruption. Dans le galop, l'animal avance le pied droit de devant, puis aussitôt ce mouvement imprimé, et avant que le pied droit soit posé à terre, il avance simultanément le pied gauche de devant et le pied droit de derrière, de sorte que le corps n'est plus soutenu que par le pied gauche de derrière; et ce pied, en se levant, donne à l'animal une impulsion qui le détache complétement de terre. Dans cette allure, la plus élevée et la plus rapide de toutes, le lever des pieds s'effectue donc en trois temps séparés par deux intervalles très-courts. — Telles sont les quatre allures du cheval, lorsqu'elles sont régulières. Ajoutons qu'en termes de manége, on appelle *bipède* l'ensemble de deux des quatre pieds du cheval ; *bipède antérieur*, l'ensemble des deux pieds de devant ; *bipède postérieur*, l'ensemble des deux pieds de derrière ; *bipède latéral*, un pied de devant et un pied de derrière du même côté ; *bipède diagonal*, un pied de devant et un pied de derrière de côté opposé.

Maladies du cheval. — Certaines maladies du cheval, désignées limitativement par la loi du 20 mai 1838, sont réputées vices rédhibitoires et donnent lieu à l'action en rescision dans les ventes ou échanges d'animaux ; ce sont : la fluxion périodique des yeux, l'épilepsie ou mal caduc, la morve, le farcin, les maladies anciennes de poitrine ou vieilles courbatures, l'immobilité, la pousse, le cornage chronique, le tic sans usure des dents, les hernies inguinales intermittentes, la boiterie intermittente pour cause de vieux mal. Ces maladies sont incurables. Parmi les maladies les plus fréquentes du cheval, non rangées au nombre des vices rédhibitoires, on peut citer : l'indigestion, la colique rouge, la fourbure, les eaux aux jambes, la gourme, la gale. — L'indigestion atteint plus fréquemment les gros chevaux que les chevaux fins. On la combat au moyen de liqueurs spiritueuses tièdes, de lavements émollients, de frictions sèches, de purgatifs doux. — Contre la colique rouge, on a recours aux saignées, aux antispasmodiques et aux opiacés. — La fourbure est produite soit par un travail excessif, soit par de mauvaises ferrures, soit par l'excès des aliments excitants. On doit déferrer le cheval fourbu, le placer sur une bonne litière, pratiquer des saignées et entourer le pied malade d'un cataplasme astringent. — Les eaux aux jambes consistent en un suintement d'un liquide fétide dans les parties inférieures des membres. L'animal qui en est atteint doit être soumis à un exercice fatigant, puis lotionné à l'eau tiède sur la partie malade. — La gourme guérit souvent d'elle-même. Lorsqu'elle est très-forte, on a recours à la diète, aux lavements émollients, à des boissons d'eau tiède miellée, et au besoin, à de légères saignées. — La gale se montre souvent aux plis de l'encolure des chevaux. On la combat soit au moyen d'une pommade soufrée (mélange de soufre et de graisse de porc), soit au moyen des pommades mercurielles, soit au moyen d'un mélange de goudron et de savon vert.

COMMENT ON CONNAIT L'AGE DU CHEVAL. — L'âge du cheval se reconnaît à l'inspection des dents. Le cheval a, en moyenne, 40 dents: 12 incisives, 4 angulaires et 24 molaires. — Les incisives sont ainsi nommées parce qu'elles sont destinées à couper les aliments. — Les dents angulaires sont ainsi nommées parce qu'elles correspondent à l'angle des lèvres (2 à chaque angle); on les nomme aussi crocs ou crochets, parce qu'elles sont aiguës. Les juments n'ont que des crochets rudimentaires ou n'en ont pas du tout. — Les molaires (du latin *mola*, meule) sont ainsi nommées parce qu'elles sont destinées à broyer les aliments. — Chaque mâchoire à 6 dents incisives. Les 2 du milieu sont les pinces;

les 2 de chaque côté sont les mitoyennes; les 2 dernières sont les coins. Les 6 incisives de chaque mâchoire se distinguent en dents de lait et en dents de remplacement. Les dents de lait apparaissent quelque temps après la naissance, et les dents de remplacement leur succèdent.

Ceci posé, les dents de lait sortent dans l'ordre suivant : les pinces au bout de 7 à 8 jours; les mitoyennes au bout d'un mois ou un peu plus, et les coins, au bout de 6 à 10 mois ; ces mêmes dents de lait sont rasées, savoir : les pinces, à 10 mois, les mitoyennes, à 1 an, les coins, à 2 ans au plus tard. L'apparition et le rasement des dents de lait font donc connaître l'âge du cheval depuis sa naissance jusqu'à l'âge de 2 ans.

Les dents de remplacement sortent dans l'ordre suivant, savoir : les pinces de 2 ans à 3 ans, les mitoyennes de 3 ans 1/2 à 4 ans ; les coins de 4 ans 1/2 à 5 ans. L'apparition des dents de remplacement fait donc connaître l'âge du cheval de 2 à 5 ans. A cet âge, le cheval possède toutes ses dents de remplacement.

Les pinces s'usant les premières, puis les mitoyennes, puis les coins, l'inspection du degré d'usure des pinces, des mitoyennes et des coins permet de distinguer l'âge du cheval de 5 à 8 ans. En effet, à 5 ans, les pinces sont presque entièrement rasées, les mitoyennes usées seulement sur le bord, et les coins sont récemment sortis ; à 6 ans, les pinces sont entièrement rasées, les mitoyennes presque entièrement rasées et les coins légèrement usés sur les bords ; à 7 ans, les pinces et les mitoyennes sont entièrement rasées et les coins fortement usés sur le bord ; à 8 ans, les pinces, les mitoyennes et les coins sont entièrement rasées.

De 8 à 12 ans, les pinces, les mitoyennes et les coins passent graduellement et successivement de la forme ovale à la forme ronde. Cette transformation permet encore, quoique avec plus de difficulté, de connaître l'âge du cheval. Passé 12 ans, la chose devient fort difficile.

II. — L'ANE ET LE MULET.

ANES. — Les ânes ne sont en France, qu'au nombre de 4 à 500,000; on distingue les ânes de *Gascogne* ou des *Pyrénées,* et surtout les ânes du *Poitou* (Deux-Sèvres).

MULETS. — Les mulets, produit du croisement des ânes et des chevaux, sont, en France, au nombre de 300,000; on estime ceux du Poitou et ceux des Pyrénées, et ils donnent lieu à une assez grande exportation en Espagne et aux colonies. Le mulet proprement dit est le produit de l'âne et de la jument; le bardot est le produit du cheval et de l'ânesse.

III. — L'ESPÈCE BOVINE.

DISTINCTION DES RACES DE TRAIT, DES RACES LAITIÈRES ET DES RACES DE BOUCHERIE. — On compte, en France, environ 11 à 12 millions d'animaux appartenant à l'espèce bovine (bêtes à cornes). On les distingue en *races de trait,* qu'on emploie surtout au labourage dans le Sud, le Centre, le Nord-Est et même dans la Bretagne, où les bœufs traînent souvent les chariots; en *races laitières* et en *races de boucherie,* principalement dans le Nord et le Nord-Ouest, où on les croise avec les races laitières hollandaises et les races anglaises de boucherie.

RACES LAITIÈRES. — Les principales races laitières sont : — la *race flamande*, dans la Flandre, l'Artois, la Picardie, la Brie, la Champagne ; elle donne les fromages de Marolles et de Brie ; — la *race bretonne*, de petite taille, dans la Bretagne et le Bordelais ; elle donne un beurre estimé (la Prévalaye, près de Rennes) ; — la *race comtoise*, améliorée par le croisement avec la race suisse de Fribourg ; elle donne les fromages du Jura (Septmoncel, etc.).

RACES DE BOUCHERIE. — Les principales races de boucherie sont:—la *race mancelle*, croisée avec les Durham anglais, dans le Maine et l'Anjou ; — la *race charolaise* (Saône-et-Loire), répandue dans une grande partie du Centre ; elle a amélioré les races rustiques du Morvan et du Bourbonnais ; — la *race parthenaise*, originaire du plateau de Gâtine, qui s'étend sur tout le Poitou, l'Anjou, la Loire-Inférieure ; on lui donne encore le nom de *bœufs de Cholet*.

La *race normande*, peut-être la plus belle de toutes, est à la fois excellente laitière et race superbe de boucherie ; de la Normandie elle s'est répandue dans l'Ile-de-France, la Brie, l'Orléanais. La vallée d'Auge nourrit les bœufs les plus gras ; les vaches du Bessin et du Cotentin donnent le beurre d'Isigny ; celles du Vexin et du pays de Bray, le beurre de Gournay. Les fromages de Neufchâtel, de Camembert, de Pont-l'Évêque, de Livarot sont estimés.

RACES DE TRAIT. — Les principales races de trait sont : — au Centre, les *bœufs d'Auvergne* ou *race de Salers*, qui donnent encore le fromage du Cantal ;

les *bœufs du Limousin* ; la *race d'Aubrac*, assez bonne laitière, dans l'Aveyron et la Lozère ; les races du Quercy et de l'Agenais ; — au Sud-Ouest, la *race bazadoise* (Gironde, Lot-et-Garonne) ; la *race gasconne*, dans le bassin supérieur de la Garonne ; la *race béarnaise*, dans les Landes et le bassin de l'Adour ; — dans le Nord-Est, les races secondaires de la Meuse et des Vosges, employées aux labours et aux charrois, mais qui donnent aussi les fromages de Gérardmer ou de Géromé ; — au Sud-Est, les *races de Savoie*, améliorées par les races d'origine suisse, qui fournissent beaucoup de lait et donnent aussi du fromage, dit de Gruyères.

MALADIES DE L'ESPÈCE BOVINE. — Certaines maladies de l'espèce bovine, désignées limitativement par la loi du 20 mai 1838, sont réputées vices rédhibitoires, et donnent lieu à l'action en rescision dans les ventes ou échanges d'animaux ; ce sont : la phthisie pulmonaire, l'épilepsie ou mal caduc, les suites de la non-délivrance, le renversement du vagin ou de l'utérus après le part chez le vendeur. Ces maladies sont incurables. Parmi les maladies les plus fréquentes de l'espèce bovine, non comprises dans les vices rédhibitoires, on peut citer : la cocotte ou maladie aphtheuse, le pissement de sang, les météorisations, le typhus. — La cocotte se manifeste par le développement d'aphthes ou petits ulcères arrondis qui occupent la face interne des lèvres, et les côtés de la langue ; le plus souvent, elle est accompagnée d'ulcérations analogues autour des ongles des pieds. Il faut commencer par isoler l'animal pour faire obstacle à la communication de la maladie, puis calmer l'inflammation de la bouche par des gargarismes adoucissants, et celle des pieds, par des lotions astringentes. — Le pissement de sang se combat en tenant l'animal chaudement, en le mettant à la diète, en lui faisant boire une décoction de graines de lin, et si les symptômes inflammatoires présentent de l'intensité, au moyen d'une ou de deux légères saignées. — La météorisation consiste dans le gonflement de l'abdomen de l'animal, qui a mangé, dans des circonstances défavorables ou avec trop d'avidité, de la luzerne ou du trèfle. (*Voyez* p. 178.) Quand la suffocation est à craindre, il faut, avec un trocart et au besoin un couteau, faire la ponction de la panse. Mais souvent il suffit de faire boire à l'animal une dissolution d'ammoniaqne.—Quant au typhus de l'espèce bovine, non-seulement il est incurable, mais il se communiqne avec une telle rapidité qu'on doit se hâter d'abattre les bêtes qui en sont atteintes.

IV. — L'ESPÈCE OVINE.

PRINCIPALES RACES. — On compte, en France, de 25 à 30 millions d'animaux appartenant à l'espèce ovine. On distingue : — 1° les races indigènes disséminées dans toute la France, et parmi celles-ci, la race flamande répandue dans toute la région du nord, et élevée surtout pour la boucherie; — 2° la race des mérinos, dont la laine est abondante et fine; originaire d'Espagne, elle a été introduite à Rambouillet sous Louis XVI, puis, sous Napoléon Ier, dans diverses parties de la France, où l'on a établi les bergeries de Naz (Ain), de Mauchamp (Aisne) et les bergeries nationales de Rambouillet (Seine-et-Oise), d'Alfort (Seine), de Montcavrel (Pas-de-Calais), de Gevrolles (Côte-d'Or); — 3° les races métisses, provenant de croisements avec les mérinos pour la laine, avec les moutons anglais de race Dishley pour la boucherie.

RACES VOYAGEUSES. — Les moutons du Midi, améliorés par le croisement avec les mérinos, forment des races voyageuses, que l'on conduit par milliers vers les pâturages des hautes montagnes, pour y passer la saison d'été ; ainsi les moutons de Provence vont des plaines de la Crau vers les hautes vallées de la Durance et de ses affluents ; les moutons du Roussillon, du Lauraguais vont dans le nord des Corbières et dans les Cévennes méridionales ; les moutons de l'Ariége et des Landes, vers les Pyrénées.

MALADIES DE L'ESPÈCE OVINE.—Deux maladies de l'espèce ovine, désignées limitativement dans la loi du 20 mai 1838, sont réputées vices rédhibitoires, et donnent lieu à l'action en rescision dans les ventes ou échanges d'animaux: ce sont la clavelée et le sang de rate. La clavelée, reconnue chez un seul animal, entraîne la rédhibition de tout le troupeau, rédhibition qui toutefois n'a lieu que si le troupeau porte la marque du vendeur. Le sang de rate n'entraîne la rédhibition du troupeau qu'autant que, dans le délai de la garantie (neuf jours), la perte constatée s'élève au quinzième au moins des animaux achetés. Dans ce cas, la rédhibition n'a lieu que si le troupeau porte la marque du vendeur. Le sang de rate (maladie du sang, coup de sang, chaleur) est une maladie toujours mortelle. Mais il n'en est pas de même de la clavelée, qui consiste dans une éruption de boutons analogue à la petite vérole; on la guérit quelquefois, quand elle ne présente pas un grand degré d'intensité, en donnant à l'animal une nourriture peu abondante, mais bonne et choisie, et en évitant l'action du froid.—

14.

Parmi les maladies les plus fréquentes de l'espèce ovine, autres que les vices rédhibitoires, on peut citer : le tournis, le muguet, le piétin, le fourchet. — Le tournis est une maladie due à la présence d'un ver dans le cerveau. L'animal qui en est atteint se livre à des mouvements convulsifs, tourne en cercle, mange peu, chancelle et finit par devenir paralysé. Cette maladie est incurable. — Le muguet est un espèce de chancre, qui survient dans la bouche des agneaux et les empêche de manger. On leur fait avaler de force du lait pour qu'ils ne meurent pas de faim, et on les gargarise avec de l'eau salée et du vinaigre. — Le fourchet est un gonflement inflammatoire qui a son siége dans un repli formé dans le fond de la séparation des onglons. On doit d'abord extraire les corps étrangers qui pourraient se trouver dans ce repli et être la cause de la maladie, lotionner plusieurs fois par jour, et appliquer des cataplasmes astringents ; s'il y a fièvre, on fera deux ou trois saignées. — Le piétin est une ulcération du pied qui débute par le décollage de l'ongle et qui altère progressivement le sabot et les parties intérieures. On enlève la portion de corne détachée et les chairs filandreuses, et l'on cautérise au moyen de l'acide nitrique.

V. — LA CHÈVRE.

Il y a, en France, environ 1,800,000 chèvres, élevées surtout pour leur lait, leur peau et leur poil. On les trouve principalement dans les pays de montagnes. Dans les Cévennes, leur lait mêlé à celui des brebis, donne le fromage de Roquefort (Aveyron); dans le Vivarais et le Lyonnais, on fabrique le fromage renommé du Mont-d'Or ; dans l'Isère, le fromage de Sassenage. En Corse et dans les Alpes, leur peau sert à la fabrication des gants.

VI. — LE PORC.

PRINCIPALES RACES. — Il y a, en France, 5,400,000 porcs disséminés sur tout le territoire. On les trouve particulièrement au nord de la Loire et dans les pays boisés ; on distingue beaucoup de races, améliorées par le croisement avec les races anglaises ; les plus renommées sont celles de Lorraine, des Ardennes, du Charolais, de la Bresse, du Périgord, du Poitou, et surtout la race craonnaise dans le Maine et dans l'Anjou.

MALADIES DU PORC. — Les porcs sont sujets, comme l'espèce bovine, à la maladie aphtheuse. On la combat comme chez les animaux de l'espèce bovine. Ils sont également sujets à la ladrerie et à la trichinose. — La ladrerie, due à une espèce de ver qui se trouve dans les tissus musculaires du porc, ne se décèle à l'extérieur par aucun signe ; elle est du reste incurable. La chair du porc ladre est sans goût et peu saine. — La trichinose a beaucoup d'analogie avec la ladrerie, mais elle est bien autrement terrible par les conséquences qu'elle entraîne. Elle est due à un ver nommé trichine, qui se trouve dans les tissus musculaires du porc. Ce ver, ingéré dans les intestins de l'homme, donne naissance à des larves, qui, une fois développées, pénètrent dans les divers organes et occasionnent une maladie grave et souvent mortelle.

VII. — LE LAPIN.

RACES DE LAPIN. — On distingue trois races de lapins domestiques : le lapin commun ou lapin gris, le lapin riche ou lapin argenté, le lapin d'Angora. A ces trois races, il faut ajouter le léporide, produit du croisement du lapin avec le lièvre.

LAPINS DE GARENNE ET LAPINS DE CLAPIER. — Les garennes sont des lieux où se multiplient les lapins. Elles sont *libres* ou *fermées*. Les garennes libres sont des lieux ouverts, telles que les dunes, les montagnes incultes où les lapins se propagent en toute liberté ; les garennes forcées sont des lieux clos de murs, de haies, de fossés, etc. Les clapiers sont tout simplement des espèces de cages ou loges en bois où l'on nourrit les lapins. La chair du lapin de garenne a une saveur bien préférable à celle du lapin de clapier.

VIII. — LES OISEAUX DE BASSE-COUR.

Les oiseaux de basse-cour sont : la poule, le dindon, l'oie, le canard, le pigeon.

LA POULE. — Les principales races de poules élevées en France, sont : —la race de Crèvecœur (Oise) ; —la race d'Houdan (Seine-et-Oise) ; — les races du Maine et de la Bresse, qui fournissent des poulardes et des chapons renommés ; — la race de Dorking, d'origine anglaise ; — la race cochinchinoise.

La poule est sujette à une maladie fréquente, la pépie, qui consiste en une pellicule cornée à l'extrémité de la langue. On enlève doucement cette pellicule avec les doigts, ce qui est très-facile avec un peu d'habitude, puis on met sur la surface de la langue un peu de beurre frais.

LE DINDON. — Le dindon est originaire d'Amérique. La femelle a été nommée d'abord *poule d'Inde,* puis *dinde,* par abréviation; et du mot dinde, a été formée le mot dindon, par l'addition du suffixe *on.* L'élevage du dindon est assez difficile, mais plus profitable que celui des autres oiseaux de basse-cour. — Cet animal est sujet, comme la poule, à la pépie. Une maladie plus dangereuse est le *bouton,* qui se développe sur toutes les parties non garnies de plumes. Il faut isoler l'animal et lui donner du vin et des échauffants.

L'OIE. — Il y a, en France, deux races d'oies domestiques : la grande race, élevée surtout dans le midi de la France, et la petite race, élevée dans le nord. — L'oie est, comme la poule et le dindon, sujette à la pépie, et on l'en guérit de la même manière.

LE CANARD. — Les principales races de canards élevées en France, sont : le barboteur ordinaire, le canard de Normandie, le canard musqué ou canard de Barbarie, beaucoup plus gros et plus fort que les autres, et qui se passe facilement d'eau.

LE PIGEON. — On distingue deux races de pigeons domestiques : le pigeon colombier et le pigeon de volière, qui a donné naissance à plusieurs variétés.

IX. — LES ABEILLES.

Les *abeilles,* répandues dans presque toute la France, produisent de la cire et du miel pour une valeur de 23 millions. Le miel le plus renommé vient des

Corbières et des monts Garrigues, sous le nom de miel de Narbonne ; du Gâtinais, de la Bretagne, de la Savoie et du Jura. La cire est fournie par la Bretagne, la basse Normandie, le Gâtinais, les Landes, la Bourgogne.

X. — LE VER A SOIE.

Le ver à soie est élevé en grand dans les pays où pousse le mûrier ; les magnaneries sont surtout établies dans les bassins du Rhône et de la Saône, jusque vers Mâcon; dans le département de Vaucluse principalement; puis dans les Cévennes, et dans les bassins supérieurs du Lot et du Tarn. Mais depuis plusieurs années, une maladie épidémique a restreint de beaucoup l'éducation du ver à soie français. En 1871, il y a eu 10,324,000 kilogrammes de cocons, d'une valeur brute de 52,400,000 francs. Les départements qui ont le plus produit sont : Drôme, Gard, Ardèche, Vaucluse, Isère, Hérault, Var, Bouches-du-Rhône.

CHAPITRE X.

COMPTABILITÉ AGRICOLE.

SOMMAIRE. — I. *Livres que doit tenir un cultivateur.* — Livres essentiels. — Comptes auxiliaires.—II. *Livre des inventaires.* — III. *Livre-journal.* — IV. *Comptes auxiliaires du livre-journal.* — Compte de bétail. — Compte de culture.—Compte de caisse. — Compte de ménage.— V. *Copie de lettres et livre d'annotations.*

I. — LIVRES QUE DOIT TENIR UN CULTIVATEUR.

LIVRES ESSENTIELS. — Un cultivateur soigneux doit

tenir note, comme un commerçant, de toutes les opérations qu'il entreprend, de toutes les recettes et de toutes les dépenses. Cette comptabilité exige essentiellement un livre des inventaires, contenant l'inventaire annuel de l'actif et du passif du cultivateur, et un livre-journal sur lequel il inscrit, jour par jour, tout ce qui est acheté, vendu, payé, consommé, perçu.

COMPTES AUXILIAIRES. — Du livre-journal on peut extraire, pour plus de clarté, et transporter sur des registres spéciaux : les recettes (produits en nature ou en argent) et les dépenses (en nature ou en argent) relatives aux diverses cultures ; les recettes (produits en nature ou en argent) et les dépenses (en nature ou en argent) relatives au bétail ; les dépenses de ménage (en nature ou en argent) ; les recettes en argent et les dépenses en argent, quelles qu'elles soient. On aura ainsi quatre comptes auxiliaires : compte de culture, compte de bétail, compte de ménage, compte de caisse. A ces quatre comptes on pourra utilement ajouter deux registres : un *copie de lettres*, où l'on inscrit les lettres que l'on adresse à diverses personnes et qui ont rapport à l'exploitation, aux achats, aux marchés, etc., et un *livre d'annotations*, où l'on met par écrit les diverses observations que l'on est en mesure de faire sur la culture et tout ce qui intéresse l'exploitation, car il ne faut pas se fier à la mémoire. On aura donc comme livres essentiels ou auxiliaires : livre des inventaires, livre-journal, compte de culture, compte de bétail, compte de ménage, compte de caisse, copie de lettres, livre d'annotations.

II. — LIVRE DES INVENTAIRES.

L'inventaire contient le détail de tout ce que possède le cultivateur au 1ᵉʳ janvier de chaque année. Voici un modèle d'inventaire.

ACTIF.	fr.	c.	PASSIF.	fr.	c.
En caisse...........	»	»	Dû à A., charron.....	»	»
Blé...............	»	»	Dû à B	»	»
Orge..............	»	»	Dû à C.............	»	»
Avoine............	»	»	Dû à D	»	»
Seigle.............	»	»	Billet fin janvier à l'or-		
Fourrages.........	»	»	dre de H...........	»	»
Paille......	»	»	Redû pour fermages...	»	»
Fumier	»	»			
Charrues..........	»	»			
Machine à battre....	»	»			
Faneuse	»	»			
Moissonneuse.......	»	»			
Scarificateur........	»	»			
Extirpateur.........	»	»			
Six chevaux........	»	»			
Dix vaches........	»	»			
Deux génisses	»	»			
Volailles	»	»			
Quatre porcs	»	»			
Dû par X..........	»	»			
Dû par Y.........	»	»			

III. — LIVRE-JOURNAL.

Sur ce livre, on inscrit, au fur et à mesure, absolument toutes les recettes ou les dépenses, en nature ou en argent, tout ce qui entre dans la ferme et tout ce qui en sort.

FORMULE DE LIVRE-JOURNAL.

1er avril 1876.

Acheté de Pierre un bœuf...................................... » »
Payé au charron sa facture .... » »

3 avril.

Vendu à Paul dix hectolitres de blé .... » »
Payé au berger ses gages.................................... » »

6 avril.

Sorti de l'étable deux voitures de fumier................ » »

7 avril.

Vendu une génisse .... » »

8 avril.

Acheté vingt hectolitres de vin............................. » »

15 avril.

Acheté deux chevaux.. » »

25 avril.

Vendu treize hectolitres d'orge............................ » »

26 avril.

Travail de trois chevaux pendant un jour.............. » »

28 avril.

Acheté deux voitures de fumier........................... » »

29 avril.

Acheté quinze hectolitres de betteraves................. » »

30 avril.

Vendu dix livres de beurre................................. » »
Nourriture du bétail pendant le mois .... » »
Dépenses de ménage du mois (en nature et en argent).. » »

IV. — COMPTES AUXILIAIRES DU LIVRE-JOURNAL.

COMPTE DE BÉTAIL. — Sur le compte de bétail, on transcrit, en recettes et en dépenses, ce qui, sur le livre-journal, a spécialement rapport au bétail, comme suit :

COMPTE DE BÉTAIL.

DÉPENSES.	fr.	c.	RECETTES.	fr.	c.
1er avril. Achat d'un bœuf	»	»	6 avril. Sorti de l'étable deux voitures de fumier (1)	»	»
3 avril. Gages du berger	»	»	7 avril. Vendu une génisse........	»	»
15 avril. Achat de deux chevaux...	»	»	26 avril. Travail de trois chevaux pendant un jour (2)	»	»
Nourriture et litière du bétail pendant le mois	»	»	30 avril. Vendu dix livres de beurre	»	»

COMPTE DE CULTURE. — Sur le compte de culture, on transcrit, en recettes et en dépenses, tout ce qui, sur le livre-journal, a spécialement rapport à la culture, comme suit :

---

(1) Ce fumier est une recette en *nature* fournie par le bétail : si le cultivateur ne l'avait chez lui, il l'achèterait; c'est en même temps une dépense à porter au compte de culture.

(2) Ce travail est une recette fournie par le bétail; si le cultivateur n'avait pas eu des chevaux, il aurait dû payer le travail d'autres chevaux.

COMPTE DE CULTURE.

DÉPENSES.			RECETTES.		
	fr.	c.		fr.	c.
1er avril. Facture du charron........	»	»	3 avril. Vente de dix hectolitres de blé........	»	»
8 avril. Sorti de l'étable deux voitures de fumier...	»	»	25 avril. Vente de treize hectolitres d'orge.......	»	»
28 avril. Acheté deux voitures de fumier........	»	»	29 avril. Vente de quinze hectolitres de betteraves	»	»

COMPTE DE CAISSE. — Sur le compte de caisse, on transcrit, en recettes et en dépenses, le numéraire qui, sur le livre-journal, est porté comme entrant dans la caisse ou en sortant, comme suit :

COMPTE DE CAISSE.

DÉPENSES.			RECETTES.		
	fr.	c.		fr.	c.
1er avril. Achat d'un bœuf	»	»	3 avril. Vente de dix hectolitres de blé	»	»
1er avril. Facture du charron........	»	»	7 avril. Vente d'une génisse	»	»
3 avril. Gages du berger	»	»			
8 avril. Achat de vingt hectolitres de vin........	»	»	25 avril. Vente de treize hectolitres d'orge........	»	»
15 avril. Achat de deux chevaux	»	»	30 avril. Vente de dix livres de beurre	»	»
28 avril. Achat de fumier	»	»			
Dépenses de ménage du mois d'avril (en argent seulement)	»	»			

COMPTE DE MÉNAGE. — Sur ce compte, on porte jour par jour, ce qui est dépensé pour le ménage, soit qu'on l'achète, soit qu'on le tire de la ferme, et à la fin du mois, on le porte en compte au livre-journal; au compte de caisse, on ne porte que la dépense du ménage *en argent*.

V. — COPIE DE LETTRES ET LIVRE D'ANNOTATIONS.

L'utilité de ces deux registres est évidente. Souvent on croit se rappeler la substance d'une lettre d'affaires qu'on a écrite; mais au bout de quelque temps, ce souvenir manque de précision quant à la date, quant aux sommes, etc. On voit une culture mieux réussie que celle de la ferme, on se promet de prendre des informations sur le mode adopté, puis on n'y pense plus. Avec les deux registres dont il s'agit, on ne tombe pas dans de semblables inconvénients.

CHAPITRE XI.

RÉGIONS AGRICOLES ET DÉBOUCHÉS DE LEURS PRODUITS.

SOMMAIRE.—I. *Région du Nord-Ouest.* —Étendue.— Débouchés. — II. *Région du Nord.* — Étendue. — Débouchés. — III. *Région du Nord-Est.*— Étendue. — Débouchés. —IV. *Région de l'Est.* — Étendue.— Débouchés. — V. *Région du Sud-Est.*— Étendue. — Débouchés, — VI. *Région du Sud-Ouest.* — Étendue. — Débouchés. — VII. *Région de l'Ouest.* — Étendue.— Débouchés. — VII. *Région des plaines du Centre.*— Étendue. — Débouchés. — IX. *Région du Plateau central.* — Étendue. — Débouchés. — X. *Division de la France en douze régions au point de vue des concours régionaux.*

On a souvent divisé la France en grandes régions agricoles, qui offrent des caractères généraux en raison de leur position géographique, de leur constitution géologique et de leurs productions. En voici le tableau, que l'on peut facilement rapprocher de celui des départements.

I. — RÉGION DU NORD-OUEST.

ÉTENDUE. — La *région du Nord-Ouest* comprend la Bretagne depuis l'embouchure de la Vilaine, le Maine et la basse Normandie. Elle renferme surtout des terrains granitiques et des terrains de transition. Le climat est humide et tiède. On y élève dans de vastes ou gras pâturages (Cotentin, Bessin, vallée d'Auge, Lieuvin, Mérlerault, vallée de l'Huisne) des chevaux et des bœufs; on cultive spécialement les arbres à fruits, pommiers et poiriers, le chanvre et le lin. Dans la Basse Normandie, les céréales le disputent en importance à l'élevage des bestiaux.

DÉBOUCHÉS. — Cette région possède, comme voies ferrées : 1° la ligne de Paris à Cherbourg, qui, à Mantes, se détache de la ligne de Paris au Havre, et passe à Évreux, Conches, Serquigny, Bernay, Lisieux, Mézidon, Caen, Bayeux, Lison, Valognes, Cherbourg ; 2° la ligne de Paris à Granville, qui passe à Dreux, Verneuil, Laigle, Surdon, Argentan, Flers, Vire, Granville ; elle est unie à la ligne de Paris à Cherbourg par l'embranchement de Laigle à Conches ; 3° la ligne de Paris à Brest, qui passe à Versailles, Rambouillet, Chartres, Nogent-le-Rotrou, le Mans, Laval, Vitré, Rennes, Montfort, Saint-Brieuc, Guingamp, Morlaix, Landerneau,

Brest, avec embranchement de Rennes à Saint-Malo.—
Un grand embranchement par le Mans, Alençon, Surdon, Argentan, Mézidon, relie les trois lignes de Brest,
Granville et Cherbourg. — Ces voies ferrées mettent la
région du Nord-Ouest en communication avec Paris,
d'une part, et, d'autre part, avec les ports de Honfleur,
Cherbourg, Granville, Saint-Malo, Saint-Brieuc, Morlaix, Brest, et, par ces ports, avec l'Angleterre.

II. — RÉGION DU NORD.

ÉTENDUE. — La *région du Nord* comprend la haute
Normandie (Eure et Seine-Inférieure), la Picardie, l'Artois, la Flandre, l'Ile-de-France et même le département d'Eure-et-Loir, dans l'ancien Orléanais. Elle est
presque entièrement composée de terrains tertiaires
avec quelques terrains d'alluvion. Le climat est
presque aussi humide que dans le Nord-Ouest, mais
plus froid. C'est la région agricole par excellence ;
on y cultive aussi les céréales, le lin, le chanvre, la
betterave, le houblon, le tabac, le colza, l'œillette, les
plantes fourragères ; on y élève de nombreux troupeaux
dans de gras pâturages (pays de Bray, vallée d'Arques,
Flandre flamande, etc.).

DÉBOUCHÉS. — Cette région possède, comme voies
ferrées : 1° la ligne de Paris au Havre, qui passe à
Poissy, Mantes, Vernon, Saint-Pierre, Oissel, Rouen,
Yvetot, Beuzeville, le Havre, avec embranchement de
Rouen à Dieppe, et de Beuzeville à Fécamp ; 2° la ligne
de Paris à Boulogne et à Calais, qui passe à Saint-Denis,
Creil, Amiens, Abbeville, Noyelles, Étaples, Boulogne,
Calais; 3° la ligne de Paris à Lille (ligne de Flandre),

qui, à Amiens, se détache de 'la précédente, et passe à Arras, Douai, Lille, avec embranchements de Lille sur la Belgique occidentale, de Lille sur Hazebrouck et Dunkerque et de Douai sur Mons et Bruxelles en Belgique ; 4° la ligne de Paris à Maubeuge, qui se détache à Creil de la ligne de Boulogne et Calais, passe à Compiègne, Noyon, Chauny, Tergnier, Busigny, Landrecies, Hautmont, Maubeuge; puis, de Maubeuge, passe en Belgique par Erquelines, Namur, Liége, et rejoint, par Aix-la-Chapelle et Cologne, la ligne des chemins de fer de l'Allemagne du nord et de la Russie ; il y a, en outre, un embranchement de Hautmont à Mons, en Belgique; 5° la ligne de Paris à Laon, qui passe par Dammartin, Crespy, Villiers-Cotterets, Soissons, Laon, où elle se rattache, par un embranchement, à la ligne de Paris à . Strasbourg; de Laon, elle continue vers la Belgique, et se relie à la ligne de Maubeuge.—Ces voies ferrées mettent les régions du Nord en communication avec Paris, d'une part, et d'autre part, soit avec la Belgique et l'Allemagne, soit avec les ports de Dunkerque, de Dieppe, de Fécamp, du Hâvre, et par ces ports, avec l'Angleterre. — Outre les communications par voies ferrées, il faut citer encore le canal du Midi ou du Languedoc, qui, faisant suite à la Garonne, traverse le Midi de la France et fait communiquer l'Atlantique avec la Méditerranée.

III. — RÉGION DU NORD-EST.

ÉTENDUE. — La *région du Nord-Est* comprend la Champagne, la Lorraine et le territoire de Belfort. C'est la partie orientale du bassin de la Seine et la portion française des bassins de la Meuse et du Rhin. Champagne est une vaste plaine crayeuse, trop souvent rebelle à la culture; mais elle a ses vins et ses moutons, et on y a planté beaucoup d'arbres résineux. La Lorraine repose sur des terrains jurassiques et de transition. Les pays de l'Argonne et de l'Ardenne sont pauvres, tristes, couverts de bruyères et de forêts. Mais les bassins de la Moselle et de la Meurthe, beaucoup plus fertiles, produisent des céréales dans la plaine, des vignes et des fruits sur les coteaux, de belles forêts sur les montagnes et des pâturages où on élève surtout des chevaux et des porcs. Cette région, la plus boisée de France, est presque tout entière dans le climat vosgien, le plus froid de tous.

DÉBOUCHÉS. — Cette région possède, comme voies ferrées : 1° la ligne de Paris à Strasbourg qui passe à Meaux, Château-Thierry, Épernay, Vitry-le-François, Blesme, Bar-le-Duc, Commercy, Toul, Frouard, Nancy, Blainville, Lunéville, Avricourt, Sarrebourg, Saverne, Strasbourg; 2° la ligne de Paris à Belfort, qui se détache de la précédente à Noisy, passe à Gretz-Armain, Longueville, Flamboin, Nogent-sur-Seine, Troyes, Bar-sur-Aube, Clairvaux, Bricon, Chaumont, Langres, Chalindrey, Port-d'Atelier, Port-sur-Saône, Vesoul, Lure, Belfort, puis de Belfort se dirige sur la Suisse, par Mulhouse et Bâle.—Ces voies ferrées mettent la région du Nord-Est en communication avec Paris, d'une part, et d'autre part, avec l'Allemagne et la Suisse.

IV. — RÉGION DE L'EST.

ÉTENDUE.—La *région de l'Est* comprend la Franche-Comté, la plus grande partie de la Bourgogne, le

Lyonnais, la Savoie, le nord du Dauphiné (Isère), depuis les monts Faucilles et les Vosges jusqu'au cours de l'Isère. C'est le bassin de la Saône et de ses affluents avec une partie du bassin du Rhône. Elle coïncide avec le climat rhodanien ; elle est presque entièrement composée de terrains jurassiques dans les montagnes, de terrains tertiaires dans les vallées de la Saône et du Rhône. Mais les pays et provinces qu'elle renferme sont loin d'avoir un caractère uniforme : pâturages excellents et forêts dans le Jura et le Charolais ; coteaux couverts de riches vignobles dans la Côte-d'Or et le Mâconnais; céréales sur les bords de la Saône et vastes prairies nourrissant de beaux moutons ; marécages dans les Dombes ; nature alpestre dans la Savoie et l'Isère, avec une fertilité bien plus grande dans la belle vallée de Grésivaudan, et beaucoup d'arbres à fruits, surtout dans le Chablais.

DÉBOUCHÉS. — Cette région possède, comme voies ferrées : 1° La ligne de Paris à Lyon par la Bourgogne, qui passe à Melun, Fontainebleau, Moret, Montereau, Sens, Joigny, La Roche, Tonnerre, Nuits-sous-Ravières, Montbard, Dijon, Roanne, Chagny, Châlon-sur-Saône, Mâcon, Villefranche, Trévoux, Lyon, et de là se dirige sur Marseille ; 2° les lignes de la Franche-Comté, dont la principale se détache de la précédente à Dijon, passe à Auxonne, Dôle, Mouchard, Andelot, Pontarlier, et de là se dirige sur Neufchâtel et la Suisse ; 3° divers autres embranchements de la ligne de Paris à Lyon par la Bourgogne, dont l'un dirigé sur Annecy et Chambéry, passe les Alpes par le tunnel du Mont-Cenis, pour aller rejoindre les lignes italiennes. — Ces voies ferrées mettent la région du Sud-Est en communication avec Paris, d'une part, et d'autre part, avec la Méditerranée par le port de Marseille, et avec la Suisse et l'Italie.

V. — RÉGION DU SUD-EST.

ÉTENDUE.— La *région du Sud-Est* comprend toute la vallée du Rhône au S. de l'Isère, c'est-à-dire le Dauphiné méridional, la Provence, le comté de Nice, puis l'Ardèche, le Gard et le reste du bas Languedoc, le long de la Méditerranée (Hérault et Aude), le Roussillon et la Corse. Elle coïncide avec le climat méditerranéen et la grande zone de culture de l'olivier. Mais elle se compose de terrains de différentes natures : terrains jurassiques dans la partie alpestre; terrains crétacés et tertiaires des deux côtés du Rhône, terrains d'alluvion dans la vallée du fleuve et sur le littoral de la Méditerranée. C'est le pays des oliviers et des mûriers. On y voit les vignobles des coteaux voisins du Rhône, dans le bas Languedoc et le Roussillon; les plaines de cailloux de la Crau, où pousse cependant une herbe fine et aromatisée; les jardins émaillés de fruits (orangers et citronniers) et de fleurs de Grasse, de Brignoles, d'Aix, d'Antibes, de Nice et de Cannes; les plaines du Comtat, parfaitement arrosées, et qui produisent la garance, la vigne et l'olivier; les pauvres pâturages des Alpes, trop déboisées, et les étangs marécageux du Languedoc et de la Camargue. Mais une trop grande partie de la région est presque stérile (Alpes du Dauphiné et de Provence), à cause du déboisement et de l'usage de la transhumance; la terre végétale des montagnes a été enlevée par des pluies souvent torrentielles, et trop souvent le fond même des vallées a été encombré de gravier et de débris de roches.

DÉBOUCHÉS. — Cette région possède comme voies ferrées : 1º la ligne de Lyon à Marseille (prolongement de la ligne de Paris à Lyon par la Bourgogne), qui, de Lyon, passe à Vienne, Saint-Rambert, Tain, Valence, Livron, Montélimar, Orange, Avignon, Tarascon, Arles, Rognac, Marseille ; de Marseille, la ligne suit la côte de la Méditerranée, en se dirigeant sur Monaco, Menton, Gênes, où elle rejoint les chemins de fer italiens ; 2º la ligne du Bourbonnais, qui part de Paris, passe à Villeneuve-Saint-Georges, Corbeil, Malesherbes, Beaune-la-Rolande, Montargis, Gien, Briare, Cosne, Sancerre, la Charité, Nevers, Saincaize, Moulins, Saint-Germain-des-Fossés, Gannat, Riom, Clermont-Ferrand, Issoire, Arvant, Brioude, Langeac, Langogne, Grand'Combe, Alais, Nîmes, Tarascon, où elle rejoint la ligne de Lyon à Marseille. — Ces voies ferrées mettent la région du Sud-Est en communication avec Paris, d'une part, et d'autre part, avec la Méditerranée par le port de Marseille, et avec l'Italie.

VI. — RÉGION DU SUD-OUEST.

ÉTENDUE. — La *région du Sud-Ouest* s'étend des Pyrénées jusqu'à l'embouchure de la Gironde, du golfe de Gascogne jusqu'aux Corbières et aux pentes occidentales du Plateau central. Elle comprend le haut Languedoc, la Guienne, la Gascogne, le Béarn, le pays de Foix. Elle est en grande partie composée de terrains tertiaires entourés de bandes de terrains crétacés et jurassiques. C'est la région du maïs et de la vigne. Mais elle offre de grands contrastes : d'un côté, les Pyrénées avec leurs massifs incultes, leurs forêts, leurs pâturages, leurs eaux thermales, leurs étroites èt fertiles vallées longitudinales ; de l'autre, la plaine de la Garonne, qui produit vignes, blé excellent, maïs, tabac estimé, fruits, légumes, chanvre, lin, colza, pastel, etc.; enfin le long de la mer, les Landes.

DÉBOUCHÉS. — Cette région possède comme voies ferrées : 1° la ligne de Paris à Bordeaux, qui se détache à Tours, de la ligne de Paris à Nantes, puis de Tours, se dirige sur Châtellerault, Poitiers, Ruffec, Angoulême, Coutras, Libourne, Bordeaux ; 2° la ligne de Paris à Agen, qui se détache à Orléans de la ligne de Paris à Nantes, puis d'Orléans, se dirige sur Vierzon, Issoudun, Châteauroux, Limoges, Périgueux, Agen, où elle rejoint la ligne de Bordeaux à Cette ; 3° la ligne de Bordeaux à Cette, qui passe à Langon, La Réole, Marmande, Tonneins, Aiguillon, Agen, Moissac, Castelsarrasin, Montauban, Toulouse, Avignonnat, Castelnaudary, Carcassonne, Narbonne, Béziers, Agde, Cette ; 4° la ligne de Bordeaux à Bayonne, qui passe à Lamothe, Morceux, Dax, Bayonne, et se prolonge sur les chemins espagnols. Ces voies ferrées mettent la région du sud-ouest en communication avec Paris, d'une part, et d'autre part, avec l'Espagne.

VII. — RÉGION DE L'OUEST.

ÉTENDUE. — La *région de l'Ouest*, de l'embouchure de la Gironde à celle de la Vilaine, comprend la Saintonge et l'Aunis, le Poitou, la Loire-Inférieure dans la Bretagne, l'Anjou et même la Touraine, quoiqu'on puisse la ranger dans la région des plaines du Centre. C'est le climat girondin, mais la constitution géologique est très-variée, comme l'ancienne division provinciale; aucun caractère essentiel ne distingue cette région, où il y a des vignes et des pâturagss, des céréales et des fruits, peu de bois, peu d'accidents de terrain.

Débouchés. — Cette région possède comme voies ferrées : 1° la ligne de Paris à Nantes, qui passe à Brétigny, Étampes, Orléans, Beaugency, Blois, Tours, Saumur, Angers, La Possonnière, Ancenis, Nantes, puis de Nantes se dirige sur Savenay (avec embranchement de Savenay à Saint-Nazaire), et de Savenay sur Redon, Vannes, Auray, Lorient, Quimper, Châteaulin, Landerneau, où elle rejoint la ligne de Paris à Brest; 2° les chemins de fer des Charentes, qui se détachent, à Poitiers, de la ligne de Paris à Bordeaux, et de Poitiers, vont de nouveau rejoindre, à Angoulême, la ligne de Paris à Bordeaux, en faisant un circuit par Niort, Aigrefeuille, La Rochelle, Rochefort, Saintes, Cognac. — Ces voies ferrées mettent la région de l'Ouest en communication avec Paris d'une part, et d'autre part, avec plusieurs ports de l'Océan : Nantes, Lorient, Saint-Nazaire, etc.

VIII. — RÉGION DES PLAINES DU CENTRE.

Étendue. — La *région des plaines du Centre* comprend le bassin de la moyenne Loire et le S.-E. de celui de la Seine, c'est-à-dire l'Orléanais, une partie de la Bourgogne, le Nivernais, le Bourbonnais, le Berri et à certains égards la Touraine. Il y a des terrains tertiaires et crétacés au N., jurassiques au S. C'est un pays de plaines assez monotones, assez peu fertiles, si ce n'est le long des cours d'eau, avec des parties marécageuses et stériles comme la Brenne et la Sologne. L'Est, plus riche, plus accidenté, avec le plateau granitique et boisé du Morvan, relie cette région aux beaux coteaux de l'Auxerrois en Bourgogne, tandis que par le Bourbonnais, également fertile, vers le S., la région se rattache au Plateau central.

DÉBOUCHÉS. — Cette région possède comme voies ferrées : 1° les lignes de Paris à Nantes, de Paris à Bordeaux et de Paris à Agen, qui sont les lignes principales du réseau d'Orléans, et dont nous avons donné plus haut le parcours ; 2° des lignes secondaires qui relient le réseau d'Orléans à la ligne de Paris à Lyon et à Marseille.

IX. — RÉGION DU PLATEAU CENTRAL.

ÉTENDUE. — La *région du Plateau central* comprend l'Auvergne, le Limousin, la Marche, avec des parties du Lyonnais, du Languedoc et de la Guienne. C'est un pays granitique, le premier sorti du sein des eaux pour former le sol de la France, ayant jadis renfermé de nombreux volcans dont on voit encore les cratères éteints, avec des masses de lave, de basaltes, de pierres ponces. De là descendent des eaux dans toutes les directions. Le plateau est généralment froid, pluvieux, exposé à tous les vents, peu fertile en céréales, presque sans vignes, mais il a d'épaisses forêts de châtaigniers et de noyers, de beaux pâturages, des mines, des eaux thermales. La Limagne, d'une admirable fécondité, fait exception ; la vallée du Forez est marécageuse et peu salubre.

DÉBOUCHÉS. — Cette région possède diverses lignes

secondaires qui relient la ligne de Paris à Agen (réseau d'Orléans) avec la ligne de Paris à Lyon et à Marseille et à la ligne du Bourbonnais.

X. — DIVISION DE LA FRANCE EN 12 RÉGIONS AU POINT DE VUE DES CONCOURS RÉGIONAUX.

Au point de vue des concours régionaux, la France est aujourd'hui divisée en 12 régions, savoir :

1re *région:* Ariége, Haute-Garonne, Gers, Landes, Lot-et-Garonne, Basses-Pyrénées, Hautes-Pyrénées.

2e *région:* Allier, Cher, Indre, Indre-et-Loire, Loir-et-Cher, Loiret, Nièvre.

3e *région :* Aveyron, Cantal, Corrèze, Lot, Tarn, Tarn-et-Garonne, Haute-Vienne.

4e *région :* Alpes-Maritimes, Aude, Bouches-du-Rhône, Corse, Gard, Hérault, Pyrénées-Orientales, Var.

5e *région :* Charente, Charente-Inférieure, Dordogne, Gironde, Deux-Sèvres, Vendée, Vienne.

6e *région:* Ain, Côte-d'Or, Doubs, Jura, Haute-Saône, Saône-et-Loire, Yonne et circonscription de Belfort.

7e *région:* Côtes-du-Nord, Finistère, Ille-et-Vilaine, Loire-Inférieure, Maine-et-Loire, Mayenne, Morbihan,

8e *région:* Aisne, Nord, Oise, Pas-de-Calais, Seine, eine-et-Marne, Seine-et-Oise, Somme.

9e *région :* Basses-Alpes, Hautes-Alpes, Drôme, Isère, Savoie, Haute-Savoie, Vaucluse.

10e *région :* Calvados, Eure, Eure-et-Loir, Manche, Orne, Sarthe, Seine-Inférieure.

11e *région* : Ardèche, Creuse, Loire, Haute-Loire, Lozère, Puy-de-Dôme, Rhône.

12e *région :* Ardennes, Aube, Marne, Haute-Marne, Meurthe-et-Moselle, Meuse, Vosges.

TABLE DES MATIÈRES.

CHAPITRE III

CLIMATS, SAISONS ET LEURS RAPPORTS AVEC LA CULTURE.... 57

CHAPITRE IV

MOYENS D'UTILISER LES EAUX ET DE S'EN PRÉSERVER........ 72

CHAPITRE V

INSTRUMENTS ET MACHINES AGRICOLES...:................. 78

CHAPITRE VI

CHAPITRE VII

CHAPITRE X

CHAPITRE XI

CLICHY.— IMP. PAUL DUPONT 12 RUE DU BAC-D'ASNIÈRES. — 1656, 76.